U0389443

科学王国里的故事

藏在身边的物理奥秘

王 会 **主编**　王逍冬 **本册主编**

河北出版传媒集团　河北少年儿童出版社

图书在版编目（CIP）数据

藏在身边的物理奥秘/王会主编. -- 石家庄：河北少年儿童出版社,2021.2（2023.8重印）
（科学王国里的故事）
ISBN 978-7-5595-3770-6

Ⅰ.①藏… Ⅱ.①王… Ⅲ.①物理学－少儿读物
Ⅳ.①O4-49

中国版本图书馆CIP数据核字(2020)第261279号

科学王国里的故事
藏在身边的物理奥秘
CANG ZAI SHENBIAN DE WULI AOMI

王　会　主编　王逍冬　本册主编

策　　划	段建军　孙卓然　赵玲玲		
责任编辑	尹　卉	特约编辑	王瑞芳
内文绘图	杨旭刚　李海晨	装帧设计	王立刚
	英　茹　李庆龙	封面绘图	乐懿文化

出　　版	河北出版传媒集团　河北少年儿童出版社
	（石家庄市桥西区普惠路6号　邮政编码：050020）
发　　行	全国新华书店
印　　刷	鸿博睿特（天津）印刷科技有限公司
开　　本	710mm×1000mm　1/16
印　　张	12
版　　次	2021年2月第1版
印　　次	2023年8月第4次印刷
书　　号	ISBN 978-7-5595-3770-6
定　　价	29.80元

目 录

1

为什么轮子着地比实物着地省力呢?

　　狐狸先生要外出旅行,准备了很多旅行用品,怎么带呢?他想,买个大木箱子,把物品装在里面推着走,不是很好吗?

　　狐狸先生推着装满旅行物品的箱子在森林公路上走,木箱子蹭着路面,推起来真费劲呀! "用什么方法更省力一点儿呢?"他绞尽脑汁想着。

　　"呱——呱——,狐狸是个大傻瓜!"狐狸先生一扭头,一只从河岸爬上来的大肚皮青蛙,正在他身边跳来跳去地嘲笑他。"讨厌,躲开点儿,你这个没礼貌的家伙!"

　　青蛙哈哈大笑: "你把箱子放在几根圆木头上面推着走,不就省力了吗?"

　　水獭大叔那边有的是细长的圆木,狐狸先生挑了几根,垫在箱子下面,推着试了试,呵! 轻便多了。大肚皮青蛙在箱子下跳动着,为自己出的好主意得意极了。

　　狐狸先生也很高兴,忍不住问: "为什么箱子下面垫了木棍比直接在路面上推箱子省力呢?"这下可把青蛙难住了,他

的眼睛鼓得老大，说不出话来。

水獭大叔笑了："乌龟家族寿命长，见识也广，你们还是问问他们吧！"

狐狸先生把箱子存放在水獭大叔家里，然后和青蛙朝森林深处走去。走着走着，他们看见一个小圆脑袋从草丛中探出来，脖子伸得老长——一只小乌龟。

青蛙首先问："乌龟老弟，你知道为什么箱子下放了圆木推着就省力了呢？"

"因为圆木相当于轮子呀！"

"为什么轮子着地比实物着地省力呢？"狐狸紧追不舍。这下，小乌龟眨了眨眼睛，伸了伸脖子，说不上来了。

青蛙张大嘴巴，说："呱——原来乌龟就这么点儿学问呀！"

小乌龟急了，忙说："谁说的？我爷爷学问大着呢！我看，我们还是去问问他老人家吧！"

乌龟爷爷戴着老花镜，拄着拐杖，看上去真是知识渊博。他听了狐狸先生提出的问题后，捻着胡须笑了。他让小乌龟仰面躺下，龟壳接触了地面，用手推了一下说："像这样，物体在地面上滑动时，与地面接触的地方，有一种滑动摩擦阻力存在。"他又随手把拐杖丢在地上，拐杖在地上滚了几滚，"像这样，当物体在地上滚动时，和地面接触的地方就是滚动摩擦阻力。一般的，滚动摩擦阻力只有滑动摩擦阻力的 1/40 到

1/60，所以滚动物体比滑动物体前进时要省力得多。"

"啊哈！原来是这样！"小乌龟在狐狸的帮助下从地上爬起来，"这么说，熊大婶的独轮车也是这个道理。"

乌龟爷爷点了点头，突然问："你们谁知道为什么车轮要安装滚珠轴承？"

大家沉思起来，过了一会儿，狐狸叫了起来："我明白了，车轮中装上了滚珠轴承，推起车子时，轴在滚珠上滚动，滚珠也沿着轴承外套滚动，这就成了滚动摩擦，阻力一减小，推起车子也省劲多了！"

乌龟爷爷向他投去赞许的目光。小乌龟恍然大悟，大肚皮青蛙也高兴地"呱——呱"叫起来。

关于摩擦的实验

一起做一做下面的实验吧。

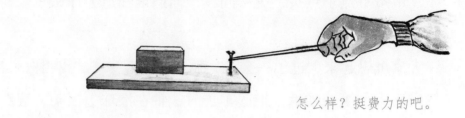

怎么样？挺费力的吧。

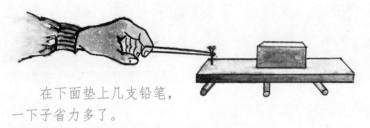

在下面垫上几支铅笔，一下子省力多了。

从上面实验我们懂得：

当物体在地面滑动时，在它与地面接触的地方有一种滑动摩擦阻力存在；当物体在地面滚动时，则有一种滚动摩擦阻力存在。一般来讲，滚动摩擦阻力只有滑动摩擦阻力的 $1/40 \sim 1/60$。后来，人们便发明了一种专门将滑动摩擦转换成滚动摩擦的装置——轴承。在我们的生活中，几乎所有转动的物体上都有轴承的存在。

轴承局部刨面图

你知道车轮上为什么有花纹吗?

　　下了一天的鹅毛大雪终于停下来了。清晨,地上的积雪足有半尺多厚。路上的行人小心地骑着自行车,雪地上留下了一条条长长的车痕印。小聪明无意中发现这些车痕印中有着许多奇特的花纹,他的脑子里便出现了一连串的问号:车轮上为什么刻有花纹呢?难道是为了好看吗?他百思不得其解。于是,小聪明迫不及待地敲响了万能博士的家门。

　　万能博士见了小聪明便问:"你是不是又要问些什么奇怪的问题?我可受不了了。"

　　小聪明着急地说:"博士,博士,这个问题不奇怪,你就听我说吧!自行车的轮子上干吗刻那么多花纹呢?"

　　万能博士仰着头想了想,便带小聪明进了屋。他从万能口袋里掏出了两只鞋,鞋底光光滑滑的,一点儿花纹也没有。他让小聪明穿上,到雪地上走一走。小聪明穿上鞋,走在雪地上,一步一滑,没走出几步,就重重地摔了一跤。

　　万能博士哈哈大笑起来。小聪明吃力地爬起来,拍了拍

当一只猎豹扑击猎物或攀登一棵树时，它就将利爪从肉鞘里伸出来，从而更有力地抓住地面，使自己获得更大的冲力。

轮胎上的花纹就相当于动物的利爪

身上的雪，又一步一滑地走回来，急忙找到自己的鞋，看看鞋底，也有一道道的花纹！

"这是为什么呢？"小聪明不解地问。

　　万能博士摘下眼镜，慢条斯理地说："光滑的鞋底与地面摩擦力太小，所以你刚才一步一滑。同理推断，车轮上刻有花纹也是这个道理。现代的车辆，如大卡车、公共汽车、小轿车、三轮车等等轮胎上的凹凸不平的花纹，是为了加大车轮与地面的摩擦力，防止车轮在路面上打滑。这样车行驶起来才方便啊！"

　　小聪明点了点头说："噢，我明白了，原来不是为了好看呀！这花纹的作用还不小呢！"说完，小聪明谢过万能博士，一蹦一跳地走出博士的家门。

海面上风雨大作，而海底为什么风平浪静呢？

小熊打开潜望镜，一边观察海面上的情况一边说："博士爷爷，你看海面上已经开始下起暴雨了。"

"来，我看看。"熊博士接过潜望镜。只见海面上阴云密布，大雨瓢泼，风浪大作。十几米高的大浪头一个接一个地涌来。

"咦，博士爷爷，海面上狂风大浪，为什么在海的深处却是风平浪静呢？"

"噢，我们平时常说，后浪推前浪。一个海浪在海面上，可以传播得很远。"熊博士放下潜望镜，坐下来，耐心地讲，"可是，波浪向下传播，那就不一样了，随着深度的增加，传播速度和强度会很快地减小。据计算，深度每增加海浪波长的1/9，波浪的速度和强度就减低一半。因此，在海面200米以下的地方，由于波浪的速度和强度大大减小，海水很少受到海面波浪的影响。任凭海面风急浪高，潜水艇在海的深处却往来自如，丝毫不受风浪的影响。"

　　小熊点点头，他又明白了一个道理，心里很高兴。他看着博士爷爷，打心眼儿里佩服他。他想：熊爷爷真不简单，什么都懂，真不愧为熊博士啊！

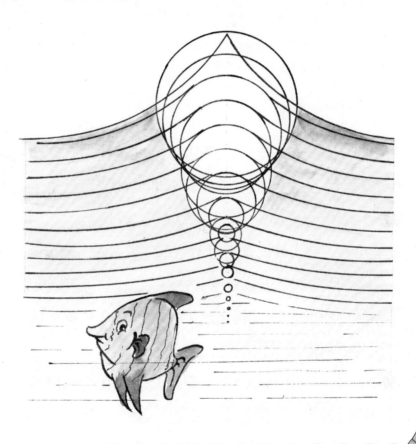

　　浪头从高处打下来，力量是非常大的，往往可以把小船打翻。不过，浪的绝大多数是向水平方向传播的，产生很长很长的波浪；它向下传播时，却极度地减弱下来。一般在海面200米以下的深处，就不会受到海浪的影响了，那里是一片宁静的海底世界。

你知道"王冠之谜"吗？

公元前 2 世纪的时候，希腊古国的国王让一名匠师用纯金做一个王冠。不久，匠师双手捧着金灿灿的王冠献给了国王，国王戴上，心里十分高兴。

过了几天，有人传说这王冠不是用纯金做的。国王的亲信也觉得是这样。因为如果王冠是纯金的，应该比这顶王冠更重些。

"同样体积的金银，相比之下，金比银几乎重一倍。"一个拿惯了金子和银子的大臣说。

"对，对，一定是匠师耍了花招儿。只在表面用了金子，而里面用的是银子。"另一个大臣说。

"可是，有什么明显的证据呢？"又一个大臣说。

人们偷偷地议论，谁也不敢向国王提这件事。但是，不久之后，这些议论还是被国王知道了。国王大发雷霆。

如果像人们说的那样，王冠不是用纯金做的，那就是匠师欺骗了国王；如果王冠确实是用纯金做的，那么，那个散布"王冠是假货"的人就会成为故意破坏国王尊严的罪人。

国王马上把那个匠师叫来，问道："你还记得吗？我曾给你××克的纯金，命令你用它为我做王冠？"

"是的，是的，我已经把那些纯金全部用来做王冠了。请把王冠称一称就知道了……"匠师回答说。

于是，把王冠放到秤上，果然，正如匠师所说的，它的重量恰好是国王所给纯金的重量。

这样一来，那些说"王冠不是纯金做的，肯定是掺了银"的人害怕了，他们可不想成为故意破坏国王尊严的罪人了。国王身边的人都着了慌。

"不过，陛下，匠师也许会把一部分纯金换成银，而又做到一样重。"那位拿惯了金银的大臣大胆地说。

"哦，也有可能。但是，你怎么知道呢？你把王冠掰开看过里面吗？"国王半信半疑地说。

其实，国王自己大概也感到这个纯金的王冠似乎有问题。

可是，怎样才能鉴定王冠是不是用纯金制作的呢？

宫殿里的大臣苦思冥想，谁也想不出什么好主意。

一位大臣向国王建议："是不是可以找阿基米德商量一下，看他有什么主意？"

阿基米德是希腊著名的科学家，国王便派人把他请来。国王说："你检验一下这个王冠，看是不是用纯金做的，但是不准把王冠弄坏。"

　　阿基米德接受重任，走在路上想，回到家里想，想得饭也吃不香，觉也睡不好。

　　一天，他边想着这个问题，边去洗澡。浴缸里盛满了热水，他脱了衣服，躺进浴缸，许多水从浴缸里溢出来了。真可惜啊，要流掉像我的身体那么多的水呢！与此同时，他感到水对他有了一股浮力。他恍然大悟，立刻跳出浴缸，他激动得快要发疯了。"我知道了！"他喊了一声，忘记了穿衣服，光着身子走出澡堂，一边高声喊着"我知道了！我知道了！"一边飞也似的跑回家里。

　　阿基米德从澡堂回到家中，心情一直激动不已。他一边小声嘟囔着："我知道了，我知道了。"一边投入了紧张的试验。

　　首先，拿一块纯金，称一下它的重量，再取重量和它相等的银，做成一个银块，然后，把银块放进一个盛满水的容器中，看看有多少水排出来，再把金块放进一个盛满水的容器中，看看有多少水排出来。他发现，虽然金块和银块一样重，可是银块排出的水却多得多，这是因为等重的银比金的体积要大得多。

　　他反复地试验，周密地思索。他茶不喝饭不进，甚至夜不成眠，全身心地投入到试验之中。最后，他终于想出了一个好办法：

　　他拿和王冠重量相等的纯金块，放进盛满水的容器里，查一下有多少水排出；再把王冠放进盛满水的容器里，看看有多少水排出。结果发现，王冠排出的水比纯金块排出的水多得多。这样，他就清楚地知道那个王冠不是用纯金做的了。

第二天，他拜见国王，在国王面前重复了他昨天的试验。

王冠之谜终于解开了！消息传到宫中大臣们的耳中。大臣们窃窃私语，一面斥责匠师欺骗国王，一面赞颂阿基米德的才智。

不用说，那个匠师受到了非常严厉的惩罚。

阿基米德的思路

金比银要重得多。因此同样重量的金和银，二者的体积是一大一小的。不用看，用手一掂也能分辨出来。

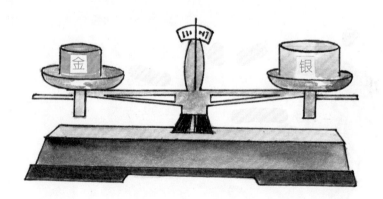

可要把金和银混在一起，金中有银，银中有金，又怎样确定它们各自的重量呢？唉，愁死啦！

嗨，有了！把它们放进水里不就行了。水是无孔不入的，而且，体积大，排出的水就多，反之就少。

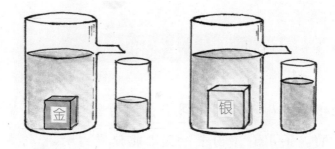

把金冠放入水中后，溢出的水比放入同等重量的纯金溢出的水要多。这说明同等重量下，金冠的体积比纯金的要大一些，金冠里果然掺了银。

上浮下沉的牙膏皮说明什么？

　　妹妹看到了"王冠之谜"的故事。阿基米德从浴池里出来顾不得穿衣，口里喊着"我知道了！""我知道了！"这个形象始终在她脑里盘旋。阿基米德知道了什么？

　　她回家后给哥哥说了这件事。哥哥告诉她阿基米德不仅解开了"王冠之谜"，更重要的是，他知道了什么是浮力。阿基米德通过试验证明：他在水里受到的那股浮力，是被他排出去的那些水的重量。妹妹问："什么是浮力？"哥哥想了一会儿说："好，我给你做个试验吧。"

　　哥哥找了一筒用完了但没有破损的牙膏皮，把它放到水里，它沉到水底去了。

　　哥哥把牙膏皮取出来，再把它的后端打开，用小棍将牙膏皮撑开，拧好盖子，把后端卷好封死。这回，空牙膏皮变得鼓鼓的了，它的里面装满了空气。

　　哥哥问妹妹："牙膏皮的重量起了什么变化吗？"妹妹想了想说："它比瘪肚皮的牙膏皮重了一点儿，因为里面多了一

筒空气。"

可是，当哥哥把它重新放到水里的时候，这个胖鼓鼓的牙膏皮却在水里浮了起来。

"为什么它比原来重了一点儿，反而能浮了起来呢？"妹妹问。哥哥提醒妹妹，胖鼓鼓的牙膏皮不仅比原来重了一点儿，而且体积要比瘪着的牙膏皮大得多。哥哥解释说："胖鼓鼓的牙膏皮放在水里，水使它有一个向上的力，这个力就叫浮力。而且，这种力的大小等于胖鼓鼓牙膏皮排开的水的重量。"

妹妹看看牙膏皮，似乎明白了许多。哥哥又耐心地讲："挤瘪了的牙膏皮浸入水中，排开的水很少，它受到的浮力比牙膏皮重量小得多。牙膏皮本身的重量大于向上的浮力，因此它沉下去了。鼓起来的牙膏皮浸入水中，排开的水非常多，它受到的浮力比它本身的重量大得多，向上的浮力大于它向下的重力，因此它就浮了上来。"

这个试验恰恰说明了阿基米德的想法，就凭这一道理，阿基米德解开了"王冠之谜"。

妹妹很高兴，因为哥哥的简单试验使她明白了一个深奥的道理。

铁不沉的秘密

把一张铁皮放入水中，它立即沉了下去。如果把它做成一个盒子，它却能浮在水面。同一张铁皮，却有两个结果，原来这是水的浮力的缘故。

盒子在水面时，其底部和倾面受到水的压力，也就是垂直向上的浮力。当这种浮力大于铁皮的重量时，就使铁盒浮于水面了。船能在水中漂浮，就是这个道理。

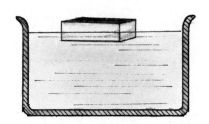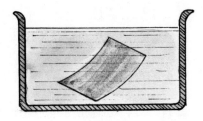

两个盒子对比图

你知道"曹冲称象"故事中的道理吗？

三国的时候，孙权送给曹操一头大象。曹操非常高兴，便带着他的儿子和官员们一起去看大象。

这头大象又高又大。它长着柱子一般的粗腿，扁担一样的长鼻子，像座小土丘似的巨大的身躯。哎呀，这么大的大象，它有多重呀？官员们纷纷议论着。

曹操问："谁能称出这只大象有多重呢？"

有人说："这……这得造一杆大秤，嗯，砍一棵大树当秤杆……"

马上有人反问："这么大的秤，谁提得起来呢？"

又有个官员出了个愚蠢的主意："干脆把大象宰了，一块一块地称……"曹操一听就不高兴了。

这时，听见一个孩子说道："我有个办法。"

曹操和他的官员们回头一看，说话的原来是曹操的小儿子曹冲，他当时只有6岁。

6岁的孩子能想出什么好办法来呢？大家都把目光集中到

曹冲身上，小曹冲不慌不忙地说："把大象赶到一条大船上，看船身下沉多少，齐着水面在船上刻一条线。再把大象赶上岸，把一筐一筐的石头抬到船上，让船也沉到刻着线的地方，把这些石头分开来称，将称得的总数加在一起，就是大象的重量。"

曹操满意地点头微笑，派人照着曹冲的主意去做，果然称出了大象的重量。

这就是历史上有名的"曹冲称象"的故事。

小朋友，你知道这里面的道理吗？道理是这样的：

空船浮在水面上，船身只有一小部分浸入水中，排开很少的水，这一小部分水的重量恰好等于空船的重量。

把大象牵上船，船的重量就增加了，船下沉了，又排开了一部分水，这时多排开的水的重量，就等于大象的重量。

把大象换成石头，让船仍然沉到那样深，也就是和装大象时排开的水量一样多，所以石头的重量就等于大象的重量。小朋友，你们明白了吗？

我们来看看曹冲是怎样称象的：

首先，把象牵入船中，船体下沉，在船帮齐着水面的地方刻下记号。

刻线

刻线

然后，把象牵走，船体上浮，那个刻度也随船体上升了。

接着往船上装入石头，让船体下沉，一直沉到水面与那个刻度比齐为止。

最后，分批次称一下船上的石头，求石头斤数之和就行了。

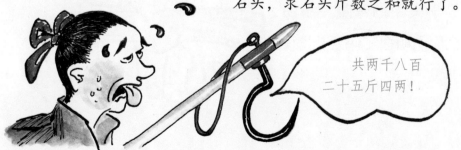

共两千八百二十五斤四两！

怎样才能把米淘干净？

　　硕楠端着簸箕不耐烦地说：“这米真差劲，里面小石子、稗子多极了，拣也拣不干净，真烦人！”

　　“你把米倒在桌子上，我帮你拣。”妹妹雨思认真地说。

　　坐在一边看书的小姨笑着说：“石子、稗子不用拣，用水一淘就淘出来了。”

　　“怎么个淘法？”硕楠霍地站起身，睁大了眼睛问。

　　“难道淘米也有窍门？”雨思不解地歪着头等待小姨的解释。

　　小姨问：“硕楠，你不是看过‘阿基米德’的故事了吗，你还记得吗？”

　　“阿基米德的故事说明：浸在液体里的物体会受到向上的浮力，浮力的大小等于物体排开的液体的重量。”硕楠眯着眼睛背诵说，“可是，它跟淘米有什么关系呢？”

　　“关系大着呢！”小姨说，“把盛米的箩筐浸到水里，米粒、稻糠、石子、稗子都要受到水的浮力。稻糠、稗子的密度比水

小，就会上浮，米粒、石子的密度比水大，就会下沉……"

说到这里，硕楠明白了，抢着说："稗子、稻糠浮到水面上，就可以淘去了。可是，米粒和石子都沉到了水底，怎么把它们分开呢？"

"只要你肯动脑筋想，办法是有的，这就是利用石子和米粒的密度不同。"小姨接过淘米盆，另外还拿了一个空盆，边淘边说，"石子的密度比米粒大，受到水的浮力比米粒小，所以在水里把米粒、石子一起搅动，让它们稍稍浮起以后，一定是石子先沉到盆底，米粒落在石子的上面。假如我一面把淘米盆倾斜，轻轻晃动，一面连米带水慢慢倒入空盆，那么沉到最底下的石子就留下来了。当然，里面可能混入一些米粒，但是这时候拣起来就省事多了。这样反复几次，就可以把石子清理干净。"小姨边干边说，不一会儿就把米淘好了。

硕楠、雨思觉得新鲜，连连点头。

雨思若有所思，突然说："我看过奶奶淘小米，就是这样做的。"

"是啊，淘小米用这个办法，就更显出它的优越性了。小米里常常混入许多颜色和小米差不多的沙粒，小米粒又很小，所以你要把一粒粒沙子拣出来，那可真费牛劲了。要是用这种淘米法反复倒腾几次，保管能把米淘得干干净净。"小姨补充说。

两个孩子会意地笑着，心里很高兴。从拣米到淘米，这里面还有学问呢。看来，以后不管做什么事都要开动脑筋哟！

为什么自来水塔要造得很高？

　　小熊比尔望着窗外一座座又高又粗的水塔，问题又来了。

　　"爷爷，那塔为什么盖得那么高？又高又粗，真难看。"

　　"傻孩子，这里的学问可大了。走，跟爷爷浇花去。"熊爷爷不等小熊再问下去，拉着他来到了阳台。

　　熊爷爷拿起水壶，慢慢倒着。水从壶嘴流了出来："比尔，快看看壶肚的水面和壶嘴的水面。"比尔连忙过来，仔细看着。

　　"啊！爷爷，不管您怎样倒，壶中的水面总和壶嘴相平！"

　　熊爷爷笑起来，说："对了！水塔就是壶肚，各家的水龙头就是壶嘴。水塔里的水面只有与水龙头同一高度，或者高出水龙头的高度，水才能从水龙头中流出来。"

　　比尔还是皱着眉头，问道："可是，水塔为什么要比楼房高得多？这多费砖料呀！"

　　"嗯，问得好！"熊爷爷捋着胡子笑着，"别急，爷爷慢慢告诉你。"说着，熊爷爷找来了一张薄纸，把两端拉紧，悬空固定好了。然后提起水壶，慢慢地倾斜着，水缓缓地从壶嘴喷出，洒在纸上"嗒嗒"地响。壶在倾斜，水流随之越来越急，砸在纸上的声音也越来越大。当水漫出进水口时，水流更急了，居然把纸砸裂了。啊！真厉害！比尔张大嘴巴愣住了。

"看见了吗？"熊爷爷笑眯眯地说，"水流缓时，力量很小。壶再倾斜时，靠壶嘴的水的深度加大，壶嘴流出的水急了，力量加大了。这种力量叫压力，它可以让水从低处流到高处。压力越大，提高的水位也越高。只有增加水塔的高度，才能加大水位的深度，增大压力，把水送到高楼，就是这个道理。"

"啊！我明白了！"比尔跳了起来，"爷爷，这水塔的作用可真大呀！"

水压与水塔

由水施加的压力叫水压。水塔就是根据水压的道理而建的。

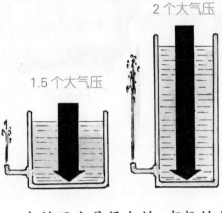

2 个大气压

1.5 个大气压

水的压力是很大的。有趣的是，水深每增加 10 米，就增加约 1 个大气压的压力；水越深，压力越大。同样道理，如果把水面升高 5 米，那么我们就获得了约 1.5 个大气压的压力；水面升得再高些，水压就更大些。

你知道茶壶的秘密吗？

　　饭后，硕硕给爸爸沏了一壶茶水。爸爸问她："你知道茶壶上有什么秘密吗？"

　　硕硕思索了一会儿说："茶壶是装水的，不漏就行，还能有什么秘密？"

　　"有，"爸爸说得很肯定，"而且至少有两个。"

　　硕硕目不转睛地盯住茶壶，仔细端详起来。但是看了好长时间，也没看出什么名堂来。爸爸提示说："你注意一下壶嘴。"

　　"壶嘴？"她用手指着壶嘴说，"它也没有什么特别的，既不比壶身高一段，也不矮一截。"

　　"哈哈，秘密就在这壶嘴和壶身一样高矮上！"爸爸笑着说，"茶壶是一个连通器，嘴里的水面和壶身里的水面总是一样高的。倒水的时候把壶一歪，壶嘴比水面低了，水就流出来。假如壶嘴做得比壶身矮，壶里的水就装不满。因为水面一高过壶嘴，水就会从嘴里冒出来……"

　　硕硕开窍了，她打断了爸爸的话说："假如壶嘴比壶身高出一段，壶里的水倒是可以装得满满的。但是倒水的时候就出问题了，把壶一歪，水还没有从壶嘴倒出来，就会从壶盖缝里流出来。"硕硕边说边笑了起来。

"现在你再找一找第二个秘密。"

机灵的硕硕立刻指着壶盖说："我看这上面的小孔开得有点儿蹊跷，也许秘密就在这里。"稍停了一会儿，她又迟疑地自言自语，"可是，不开这个小孔，又有什么关系呢？"

"这第二个秘密算是被你蒙对了。没有这个小孔可不行！不信你用手指按住它，再往杯里倒水试试看。"爸爸说。

硕硕按住小孔开始倒水。开始还流得比较畅快，但后来越流越少，好像壶嘴里被什么东西堵住了一样。她把按住孔的手一挪开，水又流得畅快了。她惊奇地说："这小孔神了，作用还不小呢。"

"其实，真正起作用的是大气压强。"爸爸解释说，"小孔敞开，壶里的空气跟壶外的大气相通，压强相同，一歪壶身，水就在重力作用下从嘴里流出来……"

"我明白了！"硕硕兴奋地说，"茶壶的秘密还不少呢！"

二虎为什么险些被空气"推"进车轮?

二虎和大刚是天生的一对,长得虎头虎脑,敢说敢做,可以说是天不怕,地不怕。

他们住在一个小山村,山村后的大土坡旁边有一片小树林,不远处是绿色的庄稼地,小树林和庄稼地之间有一条长长的铁路。一天,哥儿俩正在山坡上追打滚爬,"呜——"一列火车从远方飞快驶来。

二虎心血来潮,高声喊:"大刚,走!看火车去!快跑!"他俩飞快地穿过小树林,向火车奔去。

二虎在前,靠近火车站定,但他不能控制自己,像是有人推他,身向前倾,机智的大刚在后面使劲拉他一把……这时,火车飞奔而去。好险啊!差点儿被火车吸到车下丧命,吓死人了!

二虎心想:我怎么站不稳了呢?是谁在推我?

又一天,他俩和王爷爷在山坡上聊天,大刚向王爷爷叙述了那天的"险情"。王爷爷听后微笑着说:"来,我给你们

气流

压力

讲个真实的故事。那是 1905 年冬季的一天，在莫斯科至西伯利亚铁路线上的鄂洛多克小站，站长组织员工们列队迎候沙皇尼古拉二世派来的钦差大臣。为了让这位大人物能看清自己的脸，人们几乎爬上了路基。

"列车来了，然而它并没有减慢速度，而是呼啸着冲进了由 38 人组成的'人巷'。大家都想往后退，但突然感到背上像被人猛推了一下，不由自主地向前倒去，扑倒在疾驰的火车轮子下。结果 4 人终身残疾，站长和另外 33 人丢掉了性命。这就是著名的'鄂洛多克惨案'。"

大刚和二虎倒吸了一口冷气："真可怕呀！"

　　王爷爷接着说："这其中有什么道理呢？我们再做一个小实验。"说完，王爷爷把一张纸条贴在嘴下方，用力向前吹，这纸条不是向下飘，而是向上飘。

　　做完实验，王爷爷说："两个例子都说明了流动气体的压强比静止气体压强小，即气体流速越大，压强越小……"

　　王爷爷边讲边用手比画着，两个小家伙这才恍然大悟："王爷爷，我们明白了，谢谢您！火车快速行驶的时候，我们一定不站在离路轨很近的地方，那太危险了！"

　　"对喽！"老人欣慰地点了点头。

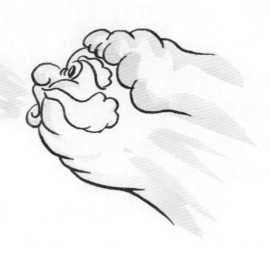

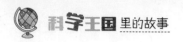

你知道大气压强在生活中的作用吗？

小飞点就怕打针，所以他从广播里听到大气压能使药水顺针头进入人体……就认为"大气压强"不是个好东西。

一天，贪玩的小飞点走到医务室门口，看到一位穿白大褂的阿姨正在给一个小朋友打针，这个小朋友疼得哇哇大哭。小飞点不禁同情地说："该死的大气压！要是没有你，小朋友就不用打针挨疼了。"

这话被他旁边的小雪点听到了，小雪点认真地说："话可不能这样讲，如果小朋友不打针，病能好吗？再说，大气压对人类的用处可大了。"

小飞点不得其解，说："大气压有什么用？你没看到，让小朋友这么痛苦！"

小雪点问："你喝过矿泉水吗？要不是大气压，你怎么会把矿泉水喝到嘴里呢？"

小飞点轻蔑地说："那还不容易，把嘴对着瓶口，使劲一吸就进去了。"

　　小雪点听小飞点这样说，就递给小飞点一瓶矿泉水，并叫他用嘴唇直接含住瓶口去喝。小飞点费力地喝着，矿泉水总是不好好地往嘴里流，急得他满头大汗，不知所措。小雪点看到这滑稽动作，哈哈大笑起来。

　　小雪点把一根麦秆当作吸管插进矿泉水瓶里，让小飞点再吸。小飞点轻轻一吸，水便吸进嘴中，他感到十分惊讶。拽着小雪点问："小雪点，小雪点，快给我讲讲这是怎么回事？"

　　小雪点不紧不慢地说："麦秆插进瓶后，麦秆内外的水都在同一个水平面上。可当你含着麦秆一吸时，麦秆里的空气就变得很稀薄了，对水面的压强变小了，可麦秆外的水面仍受到大气压的作用，这样，大气压就把水压进麦秆，使管内的水面上升。小朋友们就是靠大气压的作用喝到矿泉水的。"

　　小飞点恍然大悟，感激地说："大气压对人们的生活可真有用啊！"

　　"不仅如此，大气压与小朋友的学习也有关系呢！"小雪点认真地说，"你想想，钢笔水是怎样灌进笔胆里去的？"

　　小飞点眨眨眼睛，用手摸摸脑袋说："吸墨水的时候，总是先按一下把笔胆压瘪，这是不是压出里面的空气？"

　　"对！"小雪点接着说，"然后手慢慢放开，笔胆逐渐胀大，它里面的压强变小，大气压就把墨水压进笔胆里了。假如没有大气压，小朋友的钢笔就吸不进墨水了。你看，大气压是不是跟小朋友的学习也有关系呢？"

小飞点觉得自己知道的知识太少了，惭愧地低下了头，暗暗下定决心：今后不再贪玩，该好好学习了。

🔍 水为什么能越过桶的边缘向下流呢？

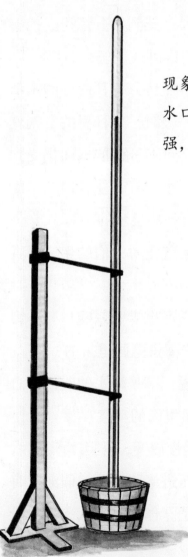

这也是大气压的缘故。

由于液体产生的压强差能够产生虹吸现象，弯管的出水端必需比进水端低。出水口中的水受到向下的压强大于向上的压强，水就从高处顺着弯管向下流出了。

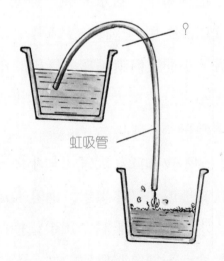

虹吸管

1644年，意大利人埃万杰利斯塔·托里拆利发明了第一个水气压表，管中的水一般可达10.36米高。当天气变化引起大气压强变化时，它就会或上升或下降。

在很高的山上为什么煮不熟饭?

在一个小镇上，住着两个青年人，他们是好朋友。他俩有着共同的爱好——登山览景。

有一天，他们约定去登这一带最高的山。这座山巍峨高耸，直插九霄，山间云雾缭绕，有许多难得的美丽景色。但是，很少有人到达山顶。他俩发誓不达山顶决不罢休，还大胆地决定在山顶上过夜，以便拍摄远景及日出的美景。

就在他们即将出发之际，他们的邻居——一位学识渊博的老人，告诉他们要带上一个高压锅。这不禁使他们感到莫名其妙。由于他们急着出发，又认为高压锅太重，所以没有理会老人的话，只带了一个普通的小锅，便急匆匆地上路了。

老人看着他们离去，摇了摇头，马上打电话报了警，说那两个年轻人会遇到危险，甚至会丧命，让警长派人跟去，设法营救。尽管警长将信将疑，但他还是派了几名警察奔赴了那座大山。这座巨大的山给搜索工作带来了极大的困难，警察们用了5天的时间，最后终于在云雾弥漫的山顶上，找到了已经奄奄一息的两个年轻人。

警察们马上对附近进行搜索，但是没有发现任何野兽的足迹，在两个年轻人身上也没有发现任何伤痕，更没有中毒迹象。最后，他们把注意力集中在两个年轻人身旁的那个锅上，因为他们发现了一件怪事：锅底下已经堆满了一堆厚厚的灰烬，锅底也早已经被熏得乌黑，可见他们烧了大量的木柴用来煮饭，可奇怪的是锅里的食物依然是生不可食。警察们恍然大悟，原来他们奄奄一息是因为饥饿所致。可是另一个问题又困扰了他们：为什么烧了那么多木柴却煮不熟饭呢？

两个年轻人得救了。他们恢复健康以后，便向那位邻居老人请教，为什么嘱咐他们要带高压锅。邻居老人讲出了其中的道理。

原来，用来煮饭的水和其他液体一样，它的沸点与压强有关系，压强大，沸点高；压强小，沸点就低。普通高度下的水的沸点为100℃，但是到了极高的山顶，大气压小了，水在不到100℃的时候就开始沸腾了，所以即使你火烧得再旺，温度也不再升高，饭当然就煮不熟了。

气压与水的沸点

水的沸点与气压有关系：气压大，沸点高；气压小，沸点低。气压又随高度而变化：位置越高，气压越低；位置越低，气压越高。假如在珠穆朗玛峰的峰顶上烧水，只需 72℃，水就沸腾了。

72℃

增大的气压

100℃时，水也不会烧开。

在这里 100℃就可以把水烧开！

在海平面上，任何物体受到的压强都是 1 个大气压。从海平面往下，愈往深处，气压愈大，水的沸点也就愈高。深度平均每增加 1000 米，水的沸点就提高 3℃。

1000 米

沸腾 103℃

37

为什么没尖的图钉摁不下去呢?

　　姐姐和弟弟正在布置他们的小房间，弟弟拿起图钉去钉他最喜欢的一张画——《海上日出》。忽然，他喊了起来："哎呀，图钉怎么摁不进去呀？"

　　姐姐拿过来瞧瞧："嗨！图钉没尖呀！"

　　"那为什么没尖就摁不下去呢？"弟弟瞪大了眼睛问。

　　"这么说吧，"姐姐耐心地讲，"你摁图钉的时候，用力是一样大的，要是图钉有尖，那你用的力就全集中在尖这么小的地方，压强就大一些；要是图钉没尖，是个钝头，那你用的力都集中在钝头这么大的地方，压强当然要小一些。压强大，图钉能摁下去，压强小就摁不进去。当然那钝头的图钉就摁不下去啦。"姐姐用手指对着《海上日出》那张画接着说，"我的手指用力也穿不透它，如果用钉穿，使用同样大的力，一下就能穿透，就是这个道理。"

　　"原来这样，"弟弟自言自语地说，

"压强大就能摁下去，压强小就摁不下去……那我踩席梦思床一踩一个大深坑，也是压强大的原因吧？"

姐姐笑道："弟弟真聪明！就是的！你要是躺在床上就没那么深的坑了吧，那是压强……"

"变小了！"弟弟急忙接过话茬儿说道，说完，禁不住笑了起来。

压力与压强

压力：垂直作用在物体表面上的力。

压强：垂直作用于物体单位面积上的力。

受力面积大，压强就小；受力面积小，压强就大

刀子削不动铅笔，斧子劈不开木柴，往往是刀、斧太钝，即受力面积太大的缘故。另外，增大受力面积，在生活中也很有用途，如车轮陷入泥中，垫块木板就行了；过薄冰时要匍匐前进，增大受力面积，避免踏破冰层落入冰河中。

为什么钢轨和枕木下面要铺石砟？

"呜——"一辆火车风驰电掣般地驶来了，重重的车轮轧在钢轨上，发出"咯噔咯噔"和"嘶啦嘶啦"的响声。钢轨使劲地压着枕木，枕木也使劲地压着道砟。

道砟叫起来："哎哟！枕木大哥，你轻点好吗？你快压死我了，你瞧，都骨折了。"

枕木却叫起来："讨厌的道砟，你叫什么？谁让钢轨压我来着？我不压你，我的骨头就断了。要是我骨折了，火车就要左右晃；要是钢轨大哥骨折了，火车就会翻的！你担待得起吗？"

道砟听到枕木这样叫唤，肺都要气炸了："你……你……"

枕木更加耀武扬威地说："你有本事，走哇！瞧你那笨样，走得动吗？"

钢轨平时就喜欢能说会道的枕木，而讨厌笨乎乎的道砟，这时钢轨也叫道："就是，有本事你走呀！没你地球照样转！"道砟们委屈极了，夜里他们偷偷地逃走了。

　　"呜——"又来了一辆火车，可怜的枕木被压得受不住了，左右晃动起来。钢轨呵斥道："站稳呀！"枕木只能忍着。

　　又接连过了几列火车，枕木已完全受不住了，说道："钢轨大哥，对……对不起，我要骨折了。"刚说完，就听"咯叭""咯叭"地响了起来。不好，枕木开始断裂了！幸好司机叔叔及时发现，即刻停车。

　　火车停下来了，沉重的货物压得他喘不过气来。火车气冲冲地对着钢轨说："怎么回事？你差点儿让我摔得头破血流！"

　　理亏的钢轨只好实话实说了。他怯生生地低声说："我和枕木把道砟气走了……"

　　火车大声斥责说："哪有这般道理？快去把道砟找回来！"钢轨和枕木一起请道砟回来。

　　火车的怒火消了大半，他以教训的口气说："你们三个应该是好兄弟，你们各有各的作用。"说着，他用手指着钢轨："有了枕木，你才能平稳。"他又面向枕木说："有了道砟，你才能固定。因为他可以防止你前后左右移动；再有，道砟还能分散你身上受到的压力；而且，他容易排水，你也就不容易腐烂了！"火车稍停片刻，然后用平缓的语气说："钢轨、枕木，你俩都得依靠道砟，快向道砟道歉！"

枕木不好意思地说："道砟兄弟，以前都是我不好，原谅我吧！"

钢轨也说："对对对，也原谅我吧！我收回我的话。"

道砟却憨厚地一笑："咳，我也有不对的……"

火车心平气和地说："好了，好了，都各回原位，以后再也不要分开了。"

钢轨、枕木、道砟又像原来那样道砟垫着枕木，枕木垫着钢轨，任劳任怨，谁也不计较什么。火车载着货物，也像原来一样，飞驰电掣地行驶着。

火车的重量通过钢轨传到枕木，再由枕木通过石砟传到较大的路基面上，使接触面积增大，单位面积上的压力降低，路基面也就能够承受得住很大的火车重量了。

你知道轮胎的来历吗?

自行车是 1790 年发明的,到 1870 年前后,在欧洲就出现了许多自行车。那时的自行车用的是没有什么弹性的木轮子,骑起来震得人骨头疼,人们给自行车起了个外号叫"震骨器"。

后来有人在车轮上安了实心橡胶轮胎,骑着虽然好些,却仍然震骨。所以,当时自行车主要是青少年的玩具。学校里常常举办自行车赛,比赛时,选手们骑着各式各样的"震骨器"。车子颠得厉害,选手们有的被颠得老高,有的跌倒了,摔伤了。当时英国的《泰晤士报》不得不发表文章,要青少年们在自行车赛中注意安全,小心跌伤。

1887 年,在英国贝尔发斯特市的一所学校里又要举行自行车比赛了。有一个名叫邓禄普的学生,是个自行车爱好者。他总是在想:怎样让车子不"震骨"呢?一天,他忽然想出了窍门:把花园中两条浇水用的胶管粘成环,打足了气,绑在他那"震骨器"的轮子上。

比赛那天,同学们骑着各式各样的"震骨器",有的跌倒了，有的车轮一颠一颠的像在爬行。只有邓禄普骑着轮子上绑着打了气的胶管的自行车，遥遥领先，获得了第一名。

第二年，邓禄普就专门从事充气轮胎的生产了。直到今天，邓普禄轮胎还是一个著名品牌呢。

空气压缩以后具有弹性。邓禄普利用这一点，使自行车减少了震动，提高了速度。这不光使自行车甩掉了"震骨器"的绰号，而且使各种车辆都得到解放。从古老的手推车、马车，到现代的拖拉机、汽车、飞机等，都用上了充气轮胎。

邓禄普利用压缩空气具有弹性的特点，制造了充气轮胎，为运输事业做出了贡献。

轮胎帮助车子平稳行进

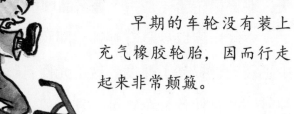

早期的车轮没有装上充气橡胶轮胎，因而行走起来非常颠簸。

后来发明了橡胶轮胎，胎里还充上空气，橡胶和空气都具有弹性，从而使车子的行驶变得平稳了。

轮胎

各式各样的轮胎

怎样辨别生蛋和熟蛋？

快要吃午饭了。妈妈忙着做饭，让姐姐剥熟鸡蛋壳，谁知妹妹却不小心拿了两个生鸡蛋混到了熟鸡蛋里。姐姐埋怨说："看你越帮越忙，把生蛋和熟蛋混在一起了！你好好想想，哪两个是你拿来的？"

妹妹瞪大了眼睛，把蛋拨来拨去，看看都一样，只好摇头说："姐姐，我分不出来了。"

正当妹妹愁眉不展的时候，姐姐提醒她："把鸡蛋放到玻璃窗边照一照！"

"对！只要把蛋放到亮光里照一下就分开了。"妹妹很得意地说，"因为生鸡蛋的蛋清、蛋黄是液体，光能够通过；而熟鸡蛋的蛋清、蛋黄凝成了固体，光是透不过的。"

说完，她正要用光照的办法去分辨，妈妈阻止了她："你们能不能想一个更简捷的判别方法呢？"

妹妹一下子发了蒙，姐姐也摇摇头说："想不出来。"

"可以用旋转的方法！"说着妈妈在桌子上转动每一个鸡

蛋，很快就把两个生鸡蛋挑了出来。

"我知道了！"站在一旁看得出神的姐姐高兴地说，"转得慢，只转一两圈就停下来的是生鸡蛋。转得快，能够连续转好几圈的是熟鸡蛋。对吗？"

"不错。"妈妈接着问，"可是你能说出其中的科学道理吗？"

"我说不太清，"姐姐不好意思地摇摇头，"很可能和惯性有关系。"

"是和惯性有关系。"妈妈解释说，"熟鸡蛋的蛋清和蛋黄都凝成了固体，所以旋转熟鸡蛋的时候，鸡蛋的各部分都能够一起旋转。生鸡蛋里面的蛋清和蛋黄都是液体，当生鸡蛋旋转的时候，由于惯性，蛋清和蛋黄不但不能够随着旋转，而且还会对蛋壳的旋转起阻碍作用。"

这时候，妹妹故意把生蛋和熟蛋又重新混在一起，兴致勃勃地逐个旋转起来，嘴里还喃喃地说："以后再遇到这种情况，我就可以用这个办法把它们分开了！"

小陀螺为什么转起来就不跌倒？

　　一个夏天的中午，知了在树上无聊地叫着。葡萄架下有两个小伙伴——宁宁和斌斌，他们正兴高采烈地做游戏，原来他们是在转陀螺。

　　小鞭子抽得陀螺滴溜滴溜地转，两个人的眼睛也随着转来转去，不一会儿，两只陀螺就跑到了一起。宁宁和斌斌不约而同地停下手中的鞭子，任凭它们在那里像喝醉了一样，摇摇摆摆地倒在了地上。

　　宁宁好奇地把陀螺拿起来，一边翻来覆去地看，一边自言自语地说："小陀螺为什么转起来就不会跌倒呀？"

　　"是呀，这是为什么呢？"斌斌也疑惑地摸摸头发。

　　"哈哈，连这个道理也不懂呀！"两个小伙伴惊奇地抬起头来，互相望望，"是谁在说话？"

　　"是我呀，你们手里的小陀螺。"宁宁盯着小陀螺，眼睛瞪得大大地问："那，小陀螺，你能告诉我们这是什么原因吗？"

　　"其实呀，这个道理很简单，因为凡是高速旋转的东西都有一个特性，就是能保持转轴的方向不变，这叫作陀螺的稳定性，是转动惯性的一种表现。不信你们看咱们旁边的自行车大哥的两个轮子，也像我一样，一转起来，就能保持原来的转轴方向，不会歪倒的。"

　　"对啊，对啊，小陀螺说得很对，你们看我，轮子转得越快，就骑得越平稳。"自行车大哥赞同地说。宁宁和斌斌两个小伙伴听得似懂非懂，四只眼睛不停地眨呀眨。

　　"没关系，以后你们长大了，就会慢慢地明白的。"小陀螺耐心地告诉他们，两个人高兴地点了点头。

转动的陀螺不会倒下

　　当陀螺转动的时候，它中心轴的地方总会朝着一个固定的方向而不变，所以它不会倒下。而且，它转得越快，它的稳定性和定向性就越强。

　　由于陀螺具有这一特性，因而它常被制成稳定器，用于飞机、轮船的导航。

小熊为什么能脱险？

　　淘气贪玩的小灰熊和聪明爱学的小白熊，正在森林里兴高采烈地捉迷藏。他俩跑跑跳跳，躲躲藏藏，你追我赶，玩得真开心。

　　忽然，听到不远处的灌木丛里有"唰啦""唰啦"的声音，他俩立刻停了下来。没有风啊，怎么回事？再定睛一看，不由吓了一身冷汗，原来是两个穿黑衣的猎人，握着猎枪向他们走来。两只小熊见势不妙，立即向森林旁边的小山跑去，边跑边向后看。猎人紧追不舍。

　　在这紧急关头，他们发现一个山洞，急忙钻进去。不大不小，正好能盛下两只小熊。他俩稍微松了口气。小白熊想：猎人要是发现这洞可就坏了，怎么办呢？

　　正当他们为难的时候，忽然发现洞里有一块大石头。"要是把这块大石头堵在洞口，猎人就不会发现了。"他们想到一起了。于是，他俩用尽全力去搬那块大石头，可是，石头却纹丝不动。这可怎么办呢？眼看猎人就要赶到了，急得小灰熊团团转。

小白熊急中生智，拾起洞里的一根木棒，手拿一端，把另一端伸入大石头的底下，并叫小灰熊拿一块小石头来，垫在木棒下面。然后，小白熊用力向下一压，大石头便骨碌碌地滚到了洞口，将这个洞严严实实地堵住了。

这下可好了，他俩轻松地喘了口气。

过了一会儿，听听没有动静，他俩更放心了。小灰熊问小白熊："你是怎么想到这个方法的？"

小白熊说："这是熊爷爷教给我的。这叫'杠杆原理'，'动力臂越长，用的力气就越小'。木棒插在大石头底下，让那块小石头做支点，我用手摁的地方到小石头的距离，比小石头到大石头的距离长，我用力一压，大石头就滚开了。"小白熊笑哈哈地说。

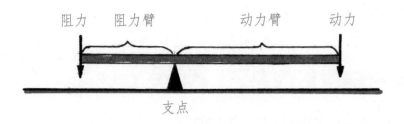

阻力　阻力臂　　　动力臂　　动力

支点

杠杆原理

　　小灰熊竖起大拇指说："你真行！今天多亏有你，咱俩才能脱险。以后我一定向你学习，不再贪玩了。"

为什么最常见的是六角螺母？

四角螺母觉得自己的本领非常大，谁都瞧不起。八角螺母也觉得自己的本领非常大，也谁都瞧不起。有一天，四角螺母和八角螺母走到了一起，互相吹开了。

四角螺母昂着头说："我的本领大，只消三两下，无论什么螺杆都能拧紧。"

"我的本领才大呢！无论在哪里工作，我都不受条件的限制，是万能的。"八角螺母也不示弱。

"我本领大！"

"我本领大！"

"我的本领比你大！"

"我的本领比你大！"

…………

两个螺母争个不休。

"我看这样好不好？你也别说你的本领大，我也别说我的本领大，咱们找个地方比试比试，怎么样？"八角螺母建议道。

"比试就比试！"

八角螺母领着四角螺母来到一台机器旁，指着机器的一条窄缝里的一个螺杆说："你就到这儿试试吧！"

四角螺母毫不犹豫地走到那里。可是因为地方太窄小，扳手根本无法扳转。四角螺母只好狼狈地退了出来。

"哈哈，不行了吧？你看我的！"说着，八角螺母走过去，很轻松地让扳手拧在了机器上。

四角螺母不服气地说："这算什么！你敢跟我到一个地方去吗？"正得意的八角螺母毫不在乎："到哪儿也不怕！"

四角螺母把八角螺母带到一个大梁架下。这个梁架需要把螺丝拧得很紧才行。四角螺母指着梁架说："就这儿，敢上去试试吗？"

"这有什么！"八角螺母跳了上去，几下子就拧上了。

"不行，还得拧紧，再紧，再紧！"四角螺母在一边说着。

拧着拧着，八角螺母觉得有点儿不对劲，"哧溜"一下滑脱了，把八角螺母的角蹭了一大块，疼得他直吸冷气，再也不敢往紧里拧了。

"哈哈——怎么样？快下来吧，看看我的！"四角螺母上去，紧紧地拧在了梁架上。八角螺母看到这儿，感到不是滋味，但仍不服气："可是，刚才在那儿，你不行！"四角螺母回嘴："在这儿你不行！"

两个螺母又吵了起来……

"别吵了！"梁架上的一个六角螺母说话了，"刚才我全听见了，你们俩，各有所长，也各有所短。正因为这样，工人师傅做了我们六角螺母，就是为了使用更方便。"

六角螺母走到四角螺母前："和你们四角螺母比，我们六角螺母每次只需让扳手扳转 60 度，就可以逐渐拧紧，而你们四角螺母则需要每次扳转 90 度，所以，到狭窄的地方就施展不开了。"

在螺钉螺母家族中，要数我老六本领最大啦！

六角螺母又走到八角螺母跟前："和四角螺母比，你们八角螺母让扳子扳转的角度显然小一些，但是你们与扳手的接触面也小，紧了就容易打滑。所以，一般情况下就很少使用你们。"

　　"这样看来，我们六角螺母使用起来最方便。"六角螺母拉着他们俩，"其实，你们俩都应该看到自己的长处和不足，正确对待自己，才能很好地施展自己的本领，发挥自己的作用，你们说对吗？"四角螺母和八角螺母相对一看，拉着手笑了。

　　从此以后，他们都懂得了如何利用自己的长处来施展自己的本领。

直升机为什么可以停在空中？

喷气机杜杜觉得自己飞得快，飞得高，谁也比不上他，非常得意。

直升机邦邦和喷气机杜杜是"同事"。但喷气机杜杜很看不起直升机邦邦，觉得他飞得又低又慢，样子也怪寒碜的，因此，从来不跟邦邦打交道，没跟他玩过一次。

一天，喷气机杜杜接受了一项任务：一个登山运动员在登山途中遇到雪崩，被困在一处绝壁上，道路已被封死，绝壁很高很陡，人根本爬不上去，必须靠飞机去营救。

喷气机杜杜心想：这事，小菜一碟！不就是一个人吗？

于是，喷气机杜杜整装出发了。

喷气机杜杜在丛山上飞着，往下看是白茫茫一片。为了尽快找到目标，他冒着危险一次又一次地降低飞行高度，500米、300米、100米……终于，他发现了一个绛黄色的小点在动，那就是被困在绝壁上的登山运动员。

怎么营救呢？喷气机杜杜放下两根缆绳，长长地拖在下边，准备让登山运动员抓住缆绳，捆住自己，从而脱离险境。就这样，喷气机杜杜拖着两条"大辫子"，向目标飞去。到了绝壁上方，已能看清楚登山运动员了，只见他正扬着头，手向上伸着。但是喷气机杜杜飞得太快了，两条缆绳从登山运动员手边一晃而过……第一次就这样失败了。

喷气机杜杜并没有灰心，重新扬起头，调整好角度，又一次飞了过去。临到绝壁上方，喷气机杜杜想飞慢一点儿，但是发现不行，缆绳又是一晃而过。第二次，又失败了。

喷气机杜杜一次又一次地飞去营救，一次又一次地失败。

这时，喷气机杜杜已精疲力竭，而且肚子也饿了——快没燃料了。他不得不向地面指挥部报告：

"报告，我是喷气机杜杜，燃料快没了，请求立即返航！""返航！"耳机里传来指挥部的命令。

这时，指挥部又决定派直升机邦邦去完成营救任务。

喷气机杜杜回到指挥部，听了这个决定，心想：我都不行，直升机邦邦更不行。喷气机杜杜可不想放过这次表现自己的机会："那里的情况，我已经很熟悉了，还是让我去吧！"在喷气机杜杜的强烈要求下，指挥部决定让喷气机杜杜和直升机邦邦共同完成这项任务。

喷气机杜杜带着直升机邦邦来到目的地。喷气机杜杜先朝绝壁飞过去，但结果仍和从前一样。直升机邦邦飞过去了，只见他飞到绝壁上空，停住了！然后放下了软梯。登山运动员从

容地爬上软梯，一直爬进机舱。

就这样，直升机邦邦很快地完成了营救任务。

回到指挥部，喷气机杜杜很是纳闷儿，便问直升机邦邦："你是用什么办法停在空中的呢？我别说停，就连慢一点儿都不行！"

直升机邦邦笑道："其实，这并不是我有什么办法，而是制造我的设计师和工人们给了我一种特殊的本领——能停在半空中不动。"

"为什么呢？"喷气机杜杜仍是不明白。

"你看，你的身材跟我就不一样。你有两条大臂膀，使你能飞得快、飞得高。我就没有你这样的臂膀。可是，我的背上有大螺旋桨，就是它，可以使我有足够的力量停在空中。因此，我能不前进，也不后退；不升高，也不降低，稳稳当当地停在半空中执行任务。"

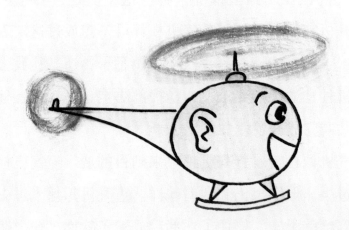

喷气机杜杜听了，觉得自己从前的做法太不应该了，低着头说："邦邦，我以前总是看不起你，是我不好，今后一定要好好向你学习！"

"不不，杜杜，你有优于我的长处，我得好好向你学习才是。"

"那，那……"杜杜不知说什么好，"今后，再有什么任务，咱俩一起去完成！"

"好！不过，你不用担心，现在设计师们已经研究出一种能停在空中的喷气式飞机。我想，不久，你安上这一种装置，也能停在半空中了。"

"太好了，邦邦，你真是我的好朋友！"喷气机杜杜心里乐开了花。

🔍 直升机的旋翼

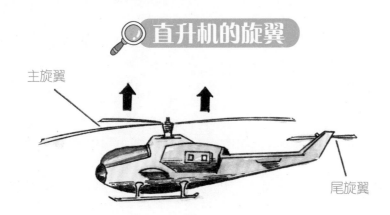

主旋翼

尾旋翼

尾旋翼的作用是阻止直升机在空中自旋，它还可使直升机转向。

主旋翼旋转时产生升力，这种升力支撑着空中的直升机。

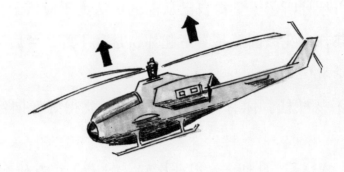

把旋翼向前倾，直升机就向前飞行。

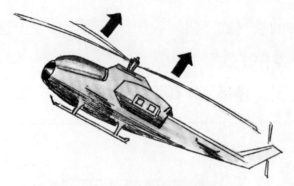

把旋翼向后仰，直升机就向后退。同样，旋翼向左倾，直升机就向左横飞；向右倾，就向右横飞。

多一个齿轮为什么转不起来?

　　春暖花开,风和日丽,一、二、三、四、五、六,6个齿轮在一起做游戏。

　　大家围成一个圈,其中一个转动,其他几个也不由自主地转了起来,可有意思啦!

　　齿轮七见这里很热闹,也赶过来了。"我也参加,好吗?"齿轮七问道。

　　"好,好,快进来吧!"大家热情地招呼着。

　　齿轮七挤进去,和大家组成了一个大圈。大家一转,咦?怎么转不起来了?

　　"那我们大家一齐用力,一、二!"齿轮一齐喊着。

　　可是无论大家怎么使劲,就是转不起来。

　　齿轮六说:"刚才还玩得好好的,我看……"他瞟了一眼齿轮七,"准是他!要不,为什么他一参加,就转不动了呢?"

　　"对对对,就是他!就是他!""退出去!退出去!"大家一阵七嘴八舌。

齿轮七感到很委屈，可是事实又确实是这样的，只好低着头走了。

"叮叮当"的声音使齿轮七抬起了头，只见工人叔叔正在安装齿轮。齿轮七便走上前去，想问个明白。

工人叔叔听了齿轮七的叙述，问："真有这样的事吗？那你带我去看看。"

齿轮七领着工人叔叔来到刚才做游戏的地方，让大家又做了一次，果真转不起来。工人叔叔笑了。

"齿轮六，你也下来，大家再转一下。"工人叔叔说。

于是，一、二、三、四、五，5个齿轮又围在了一起。可是，奇怪的现象又出现了，转不起来了。

"齿轮五，你也下来。大家再继续转！"

四个齿轮又转起来了。

"齿轮四，你再下来！"一、二、三，3个齿轮围成圈。结果，又不能转了。

"好啦！大家想一想，转不起来，能怨齿轮七吗？"大家都低下了头。"其实，也不怨你们。"工人叔叔把大家召集在一起说，"原因就在你们的配合上。你们看，连在一起转动着的两个齿轮，转动方向正好相反，一个逆时针转，一个顺时针转。当6个齿轮围成一圈的时候，正好是这样的。可是，当7个齿轮围成圈时，情况就不同了，其中有两个相邻的齿轮转动方向是相同的，而这实际上是不可能的，所以，也就转不起

来了。"

"我知道了，5个齿轮不能转，也是这个道理。3个齿轮不能转，也是同样的道理。"大家又是一阵七嘴八舌。"好聪明，从中你们能找出规律来吗？"工人叔叔问。

大家沉默了一阵，齿轮七开口了：

"围成圈的双数齿轮能转，单数齿轮不能转。"

"对喽！"工人叔叔笑了，"那么，我问你们，单数的几个齿轮，在什么情况下才能转呢？"

大家面面相对，不说话了。

工人叔叔把它们排成一个圈，然后再把其中的两个分开，不再是一个封闭的圈了，于是，7个齿轮都转了起来。

这回，大家玩得更开心了，因为再加多少个齿轮，都能转动了。

荷叶上的水滴为什么是球形的？

"哈哈哈哈——"

"哈哈哈哈——"

荷塘里传来一阵笑声……原来，是荷塘里的水们正在嘲笑荷叶上的小水珠。

"快看！快看！你们看，圆圆的，滚来滚去的，真滑稽！"

"是啊，你看他，一点儿也不自主，荷叶一晃，哪儿低他就往哪儿滚。"塘水们纷纷议论着。

"这，这怨我吗？其实，你们也是一样的。"荷叶上的小水珠争辩道。

"还狡辩呢，没出息！"

"没出息，没出息……"塘水们又纷纷数落着……

"这的确不能怨他！"大荷叶说话了，"小水珠说得不错，你们也都是这样的。这个道理其实很简单：体积大小不变的东西，只有在成为球形的时候，它的表面才是最小的。水的表面上的分子，由于受到内部的吸力，都有向内部运动的趋势，也就形成了水表面具有缩小的趋势。水滴里的水，缩到最小体积就不能缩了。这样，在它的体积确定下来以后，就只能变成球形了，再加上我的表面有细毛，水又不能附在我身上，缩小的水珠就跟小圆球一样，滚来滚去的。你们看，他多像珍珠，晶莹透亮，多漂亮呀！"

"啊！原来是这样……"塘水们这才恍然大悟。

"是的，不信，你们也来试一试！"荷叶一边说着，一边从塘中拉上来几滴水。

水分子们

空气

表面张力

水滴内部

水的表面像一张具有弹性的皮肤，它是水分子相互吸引造成的，叫作表面张力。表面张力往往使水的表面积缩到最小而成珠状。

　　果然，他们也一样，在荷叶上缩成水珠，滚来滚去的像几个珍珠。

　　"哈哈哈哈……真漂亮！"

　　"哈哈哈哈……真好玩儿！"

　　荷塘里传来一阵欢乐的笑声。

谁挂彩灯晚雨中？

　　晨晨家的小楼后面，是一座美丽的街边花园，花园里种满了丁香、月季和很多晨晨叫不上名字的花草。花草之间的甬路边还竖立着几盏路灯。夏日的每天傍晚，晨晨总要和爸爸妈妈一道来花园散步。

　　这天吃过晚饭，晨晨刚要招呼爸爸妈妈去花园，却见外面淅淅沥沥地下起了小雨，晨晨只得懊恼地回到屋里。不能去花园散步，晨晨总觉得缺点什么，就顺手打开窗户，远远地向花园里望去。左邻右舍的叔叔阿姨和孩子们也都没有去花园，里面显得空空的、静静的，只有花木的影子，只有路灯。

　　呵，路灯，晨晨顿时被一个奇异的现象吸引了，往日平平常常的路灯，今晚怎么都装上了一个个彩色的灯罩？再仔细一看，又不是灯罩，而是路灯的周围闪耀着一个个彩色的光环，还在微风微雨中轻轻地摇曳呢。

　　真是个奇怪的现象，晨晨直着眼睛看了好一会儿，仍然是百思不得其解，只得向爸爸求援了。

爸爸听到晨晨的喊声，来到晨晨屋里，听晨晨一说，又像往常一样郑重地给晨晨解释："自然界可是有很多很多的奥秘，路灯四周的光环，唯独雨天和严寒的天气里才会出现，而晴朗温暖的天气却是无论如何也见不到的。"爸爸微微停顿了一下，"这样说吧，晨晨，太阳光是什么颜色的？"爸爸问。

晨晨马上回答："白色的。"

爸爸微笑着看着晨晨："白色的吗？不是有首歌唱道……"

"不对不对，七彩的阳光，是七种颜色。"

爸爸又接着讲道："科学工作者们通过实验，得知阳光透过三棱镜时，我们会看到红、橙、黄、绿、蓝、靛、紫这七种颜色。那么电灯光也不外乎是由这几种颜色的光组成的，只不过其中红、橙、黄色光的成分多一些。雨天，或者是严寒的天气，路灯的周围被数不清的小水珠或微小的冰粒包围起来，每一颗小水珠、小冰粒就像是一个能分光的三棱镜，路灯的光线射出之后，立刻就被这些微小的'三棱镜'折射出来，灯光的各种颜色就分了家，不就自然形成了色彩斑斓的光环了吗？"

晨晨一拍脑袋，高兴地说："噢，原来是小水珠这个小不点儿搞的鬼呀！"一边说，一边又趴在窗口向路灯望去。

颜色从哪里来?

颜色实际上是我们眼睛对各种不同光线的感觉。光线是由一些微小、看不见的波组成的。人眼看到的有颜色的光线也是由不同波长的波组成。这些波有特定的波长。

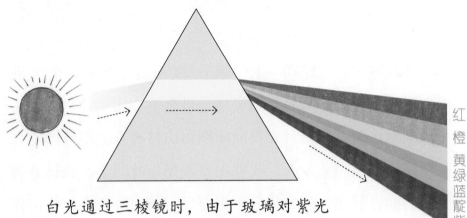

红橙黄绿蓝靛紫

白光通过三棱镜时，由于玻璃对紫光的折射率比对红光的折射率大，因而通过棱镜时紫光产生的偏折大，红光产生的偏折小。这样白光便被分成7种颜色，这些颜色按一定顺序排列，这便是光谱。

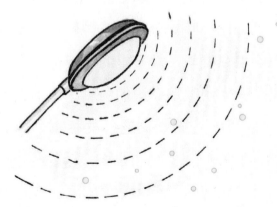

路灯周围的小水珠或小冰粒，个个都像能分光的三棱镜，使路灯的灯光形成了色彩斑斓的光环。

康老师为什么表扬小叶?

　　"丁零零……"星期一下午第三节的班会课铃声一响,五年级二班班主任康老师面带微笑地走进教室。康老师环视了一下全班同学以后,便把目光投向刚刚由山村转来的小叶同学身上,赞许地说道:"今天,我首先要表扬小叶同学,表扬她善于观察、勤思好问,并为我们班正在进行的'手拉手'活动提出了一条好的建议……"

　　见同学和老师都向自己投来了赞许的目光,小叶的心里暖暖的,昨天放学后的一幕又浮现在小叶同学的眼前。

　　原来,小叶同学由山区小学转到城市小学之后,感到这里的教室好、桌椅好、校园好。更让小叶惊奇的是,虽然每个星期都要变换一下座位,可无论坐在哪里,教室里的黑板都不会反光,不像在家乡小学那样,一坐到教室靠边的两侧座位上,黑板上总有好几处反光,让人很不容易看见老师的板书。于是,昨天下午放学的时候,小叶就去找康老师问个究竟。

　　康老师没有立刻回答,而是先询问了小叶好多问题,和班里的同学是不是都熟识了？能不能听懂老师的讲课内容呀？然后才告诉小叶说："你原来学校的黑板之所以反光，是因为它是用黑色的油漆漆成的缘故。虽然油漆的黑板是黑色的，能够吸收绝大部分照射在它上面的太阳光或是照明灯光，但如果有的地方漆得很光滑，那么就会把一小部分光按照一定规律向一定的方向反射出去。尤其是从窗口斜射到黑板上的光线，会大量地反射到离窗子较远的一边，使坐在那里的同学看不清黑板上的字。"

小叶眨着大眼睛听到这里，又急不可待地问康老师："那我们这儿的黑板怎么不反光呢？"

康老师沉思了片刻，才缓缓说道："我们学校的黑板都是一种比较先进的黑板，是一种表面像砂纸一样的'毛玻璃'黑板。由于黑板的表面像砂纸那样的粗糙，所以它反射光时就不能集中射向一个方向，同学们就能从各个角度看到黑板上的字迹了。可是小叶，'毛玻璃'黑板的造价要比油漆黑板高出不少，有些山村小学校里还没有这样的经济条件，我们……"

"老师，能不能和全班同学们讲一讲，节约一点儿同学们吃零食的钱，帮助山村小学买一块'毛玻璃'黑板呢？"

小叶正好和康老师想到一块了。

光的反射

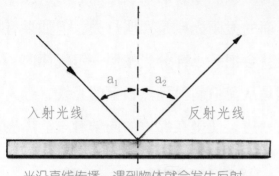

入射光线　　　　反射光线

光沿直线传播，遇到物体就会发生反射。

光的反射定律：反射光线和入射光线及界面法线在同一平面内，反射光线和入射光线分别在法线两侧，且反射角等于入射角。

光滑的黑板表面像镜子一样，把光线集中反射到同一方向。

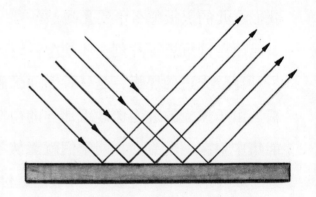

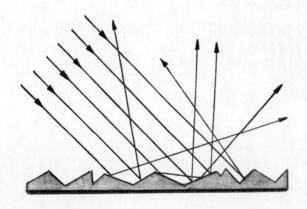

"毛玻璃"黑板表面粗糙，所以它反射光时就不会集中射向同一方向了。

海水为什么是蓝的？

唐代诗人白居易在他的《忆江南》词中写道："日出江花红胜火，春来江水绿如蓝。"当我们在晴朗的天气下航行在大海之中的时候，那无边的蓝晶晶的海面，和蔚蓝色的天空融在一起，真是美丽极了。

但是，海水本身并不是蓝色的，如果你舀一点儿海水，不论是南半球的还是北半球的，不论是太平洋的还是大西洋的，拿到实验室中观察，都是无色透明的。海水在我们眼里呈现蓝色的原因，还需要阳光兄弟来解释。

阳光原本是由许许多多颜色不同的光组成的，我们人眼能看到的有七种：红、橙、黄、绿、蓝、靛、紫，虽然阳光七兄弟颜色不一样，但平时它们团结在一起，让你看不出它们的颜色。可是，要是遇到了不同的东西，有时它们就会被分开，显出各自的本色。

这一天，阳光七兄弟来到了大海，肩并肩地射到了海面上。

老大红色光和老二橙色光刚一接触海水，就好像长了一双

长腿一般，穿过海水、海藻，钻到了海水深处。老五蓝色光呢？
虽然也想钻到海水深处去看看海鱼呀，海底植物呀，可是，它
一遇到海水，就被海水挡住了，或者是干脆被反射回来了。

海水越深，散射、反射的蓝色光就越多。蓝色光们都聚集在
海面，使整个大海都发出蓝色可见光了。这样，海水看上去就成
了蓝色。小朋友们，经过今天的学习，你们能推理出蓝天为什
么是蓝色的吗？

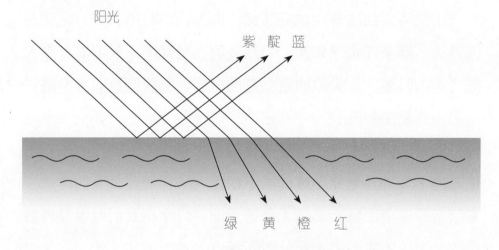

物体的颜色

光谱中有7种颜色的光，具有不同的波长。红色光的波长
最长，紫色光的波长最短。这些光照射在不透明的物体上，有
一些被吸收了，有一些则被反射出来，反射出来的光，便是这
个物体的颜色了。如果物体全部反射7种色光，那它便呈白色；
反之，把所有七色光全吸收了，它便呈黑色。

小白狗**藏**哪儿了?

从前，有一家养了两只小狗，一只是小白狗，一只是小黑狗。小白狗是个鬼精灵，小黑狗却老实驯服。

一天，主人上班去了，小白狗和小黑狗就在院子里捉迷藏。小白狗提议说："我躲起来，如果你能找到我，晚上主人买回来的肉就全让你吃掉；如果你找不到我，晚上主人买回来的肉就全归我了。"小黑狗想，反正院子就这么大，你能藏到哪儿去，找就找，于是就答应了。

小白狗和小黑狗回到屋里，让小黑狗蒙上眼睛，临出门时，小白狗还顺手放下在门楣上的一张竹帘子。

来到院子里，小白狗张望了一下，就嗖地一下跳到了葡萄架上，心想，小黑狗在屋子里，又隔着竹帘子，肯定找不到自己。小白狗想罢便大声喊道："藏好了，你说我在哪儿吧。"

小黑狗摘下蒙眼布，透过竹帘往外一看，一眼就看见了小白狗，便说："你在葡萄架上呢，下来吧。"

小白狗非常懊丧，等跳下了葡萄架，也想明白了其中的道

理。虽然小黑狗隔了层竹帘，可由于竹帘外光线充足，十分明亮，各种物体反射出来的光线也就特别强，自然也就能通过竹帘的缝隙射入小黑狗的眼睛了。

一想通这个道理，小白狗便又有了主意，就死皮赖脸地告诉小黑狗说："这次不算，再找一次好吗？"小黑狗说："找就找吧，你说话总是不算数。"

这次，小白狗把小黑狗叫到了屋子外面，也不让小黑狗蒙眼了，自己便从竹帘下钻进屋，躲到了沙发后面。

小黑狗瞪大眼睛向竹帘内望去，门被竹帘挡着，看不见屋里的任何东西，当然也就不知道小白狗藏在了哪里。原来，由于竹帘内的光线很暗，里面的东西反射出来的光线自然就很弱，再通过竹帘缝隙射入小黑狗的眼睛就更弱了，更何况小白狗还藏在沙发后面呢，小黑狗当然就看不见小白狗了。

捉弄人的线条

不仅颜色使我们产生错觉，线条也会捉弄人。不信你瞧：

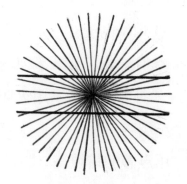

两条水平线是直的还是弯的？

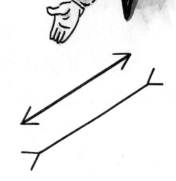

两条线段一样长吗？

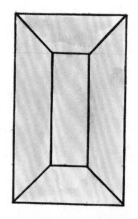

里边那个长方形是凹进去的还是突出来的？

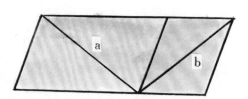

比较斜线 a 和 b 的长度，是不等还是相等的？

报纸的小洞是怎么烧出来的？

冬季的一天，太阳暖融融的，一点儿风也没有，小明和爷爷在院子里晒太阳。晒了一会儿，爷爷像想起了什么事似的，放下正在看的报纸，神秘地问小明："明子，要是不用火柴，也不用打火机，你能把报纸烧出一个小洞吗？"

"能。"小明不假思索地说，"用点着的蜡烛烧。"

爷爷听了，笑呵呵地反问道："蜡烛又是怎么点着的？还不是用火柴或者打火机点的吗？"

"那，那——"小明想了想，又说，"我在炉子里烧红一根铁棍，用它烫报纸，这总行了吧？"

爷爷又笑了笑，抚摩着小明的头说："明子真聪明，办法真多。可是你说，炉子是怎么生着火的？"

小明一想，炉子也是用火柴或者打火机点燃木柴才生着的。小明没办法了，瞪着疑问的眼睛，等爷爷说出办法来。

爷爷说："去，到屋里把我看小字用的放大镜拿来，我教给你一个办法。"

　　小明拿来了放大镜。爷爷把报纸放在地上，手拿放大镜平对着太阳，在离报纸斜上方半尺多高的地方动来动去，调整着角度和距离，直到有个刺眼的小亮点照在报纸上才停住手。没过几秒钟，小亮点照的地方冒了烟，被烧出了一个小洞。

　　小明看得可认真了。可是就是不明白小亮点从哪儿来的，它怎么会把报纸照得直冒烟，烧成小洞。他请爷爷给他讲明白。

　　爷爷告诉他，太阳光透过这种中间厚四周薄的凸面透镜时，太阳光线被折射成一个锥形的光束。在"锥子"尖的部位，光线几乎收拢成一个点，科学家们把这个点叫作焦点。这个被聚拢成的光点温度很高，照在报纸等容易点燃的东西上，就会把它们烤焦、烧毁。

　　小明听了爷爷的讲解，明白了放大镜烧报纸的道理，还学着爷爷的样子动手试了试，真的又把报纸烧了一个洞。

　　这以后好多日子，小明遇到其他小朋友，就拿出爷爷的放大镜，烧报纸给他们看，小朋友们又好奇又羡慕。

放大镜聚能

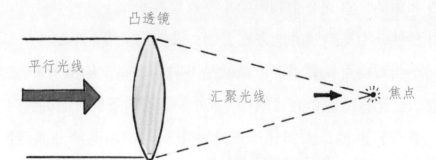

凸透镜

平行光线

汇聚光线

焦点

凸透镜光线示意图

放大镜是凸透镜，凸透镜可以把平行光线汇聚于一点。

平行光线经过凸透镜，汇聚在焦点上。阳光、白炽灯光中也带有热能，于是，热能也被汇聚在焦点上了。

这么做多疼呀！

水能点火吗?

这些日子,小明可有的玩了:用放大镜烤干树叶,烧棉花球;有一次,竟然把一根火柴给照得着起火来。可是好景不长,有一天,小朋友们你夺我抢,一不小心,放大镜掉在石头上,摔碎了。小明一个劲儿埋怨,可埋怨归埋怨,放大镜总归是碎了,只好硬着头皮告诉了爷爷。

爷爷听说是小明的小伙伴们摔碎的,没有过多地责备小明,只是假装生气地说:"稍微有点儿本事就到处显摆,这下好了吧?我看你接受教训不。"停了一会儿,又说,"还想玩吗?"

小明羞愧地点了点头。爷爷笑了,略带神秘地说:"这回我教你用水来烧报纸。"

小明一听,好生奇怪,只知道水能灭火,没听说过水还能烧东西,可得好好看一看爷爷怎么做。

只见爷爷找了一只底部非常光滑的小碟子,倒满水,放在冰箱的冷冻室里,关上冰箱门,像魔术师似的,说了一声

"变"，就拉着小明来到院子里。然后，找了一截铁丝，坐在院子里，边晒太阳边用钳子把铁丝做成一个比碟子稍微小一点儿带把的圆圈。

小明一边看一边纳闷儿：把水盛在小碟子里放进冰箱冷冻，和用水烧报纸有什么关系呢？把铁丝做成一个带把的圆圈有什么用呢？他急着请爷爷回答，可爷爷却故意卖关子说："时间一到，一切明了。"

说完，爷爷让小明拿他看报用的老花镜试一试，看能不能照出刺眼的光点。小明试了一会儿，能。于是爷爷告诉小明，只要是中间厚四周一点点薄下去的透明镜体，在太阳光底下都能聚出小光点。如果这个小光点有足够高的温度，都能把报纸等容易点燃的东西烤焦、烧着，像瓶子底、半个玻璃球、馒头形状的其他透明体，都行。要是这种透镜做得聚光能力很高，聚成的光点温度就会很高，连木头都能点燃呢！

爷爷讲着讲着，时间过去了一个多小时。这时，爷爷说："时间到了。"便让小明从冰箱里取出盛满水的小碟子。小明一看，碟子里的水已冻成了冰。待了一小会儿，冰块从碟子里磕出来，中间厚厚的，四周薄薄的，真像一块放大镜。爷爷赶忙把它放在做好的铁丝圈上，像用放大镜照报纸那样，对着太阳在报纸上方动来动去，调整着距离和角度。不一会儿，就有一个小亮点照在报纸上。又过了十几秒，报纸冒烟了，被烧成一个小洞。

　　看了这一切，小明全明白了，原来爷爷说的用水烧报纸，就是把水冻成一块冰放大镜，用它的聚光作用来烧呀！只是这个"放大镜"很容易化，这不，没等把报纸烧出三个小洞，它就一个劲儿地滴水，开始融化了。这还是冬天呢，要是夏天，恐怕只能点一次火吧！

小松为什么总射不中"鱼"？

　　暑假里，小松的老师组织过一次新颖的返校活动——科学游戏日。那天，同学们玩搭纸桥、竖纸条，玩纸膜电话，玩纸锅烧水，玩放大镜烧纸……好多好多种游戏，样样有趣味，样样有科学道理。很多游戏小松都取得了成功，只有一种游戏——水中射"鱼"，小松却失败了。那些平时打弹弓特别不准的同学，有的能射中两三次，小松这个平时打弹弓能"十步穿杨"的高手，却一次也没射中。不过，失败也有失败的好处，它使小松明白了一个道理。

　　那次游戏是这样的：

　　学校进门不远处，有一个直径约五米的水池，里面养着许多金鱼，供师生们观赏。返校日那天，金鱼被捞出去了，却在水底放上十几条用橡皮泥捏成的小金鱼。老师还准备了几把用竹条做成的弓、十几支用铁丝做成的箭。其他游戏都做完了，老师把同学们都叫到水池边，对大家说：

　　"下边是最后一个游戏——射'鱼'比赛。大家轮流用弓

86

箭站在池边射水底的橡皮泥鱼，每人射五箭，谁射中得多，谁是优胜者。"

射"鱼"比赛开始了。前面的几个同学，有的一条鱼也没射中，有的射中一两条；最为奇怪的是，平时打弹弓最不准的小近视眼李华，竟然射中四条鱼！

轮到小松射了。他可是心中有底，想：看我来个五箭五中，你们就叫好吧！因为他平时弹弓打得特别准，虽说不上"百步穿杨"，但也能"十步穿杨"啊！可他万万没想到，第一箭就没射中，射得远了点儿。第二箭，他瞄得特别细心，特别准，并且屏住呼吸，稳住双臂，蛮有把握地射了出去，没想到，又射得远了一点儿。第三箭、第四箭、第五箭，一箭比一箭细心、沉稳，结果和前两次一样！他难为情极了。老师在旁边看着，只是笑，不说一句话。

同学们都射完了，老师从水底捞出一条橡皮泥鱼，放在地上，让小松再射一次。小松拉弓搭箭，瞄了瞄准，一下子就射中了。他脸上虽然少了一些难为情，却多了一些疑惑：我射水中的"鱼"为什么总射不准呢？

老师从小松的表情中看出了他心中的疑惑，便把同学们召集在一起，说："小松同学射不中水底的'鱼'，正说明他瞄得准，射得稳。你们知道为什么吗？"

同学们你看看我，我看看你，都说不知道。

老师说："咱们做个试验吧！"说完，端来一盆水，把一支筷子斜插在水中，然后说："同学们，看看这支筷子有什么变化？"

同学们一看，本来直直的的筷子，却在水面的地方微微一折，水中的半截向上稍稍翘起，还变得短了些。等老师从水中抽出筷子后，筷子仍旧是原来的样子。反复做了几次，都是这样。

同学们不由得把疑问的眼光投向老师。

老师解释说："这是光的折射造成的。光有这么一个性质，当它从一种透明介质射入另一种透明介质时，在两种透明介质的界面处会改变射向，发生折射。这样一来，我们看到的在水中稍稍弯折向上翘起的半截筷子，实际上是虚像。同样道理，鱼的光线射出水面进入空气时，要稍稍向下折射，我们就会顺着这个折射的方向直看下去，以为'鱼'就在那个虚像位置上。小松瞄准那个虚像，怎能不射偏呢？要是瞄得不准，射得不稳，稍微射低一点儿，也许能正好射在实际的'鱼'上呢！大家说是不是？"

听了老师的讲解，小松再也不觉得难为情了。他走

到水池边，拿起一支箭，搭在弓弦上，朝着水底的"鱼"，瞄得稍向下一点儿，稳稳地一松手，箭嗖地一下射入水中，正好射中在一条鱼身上。小松笑了，老师也笑了。

光的折射

看上去筷子像是折断了

光线从一种介质斜射入另一种介质时，在两种介质的界面上，会改变前进的方向，这种现象叫作光的折射。

为什么叫"七彩阳光"?

近几天，蓉蓉学会了一首歌，叫《七色光》。每当她唱这首歌时，总是想：太阳光明明是无色的呀，为什么说"七色光"呢？就算太阳有颜色，也是早晨是金色的，中午是银白的，傍晚是橘红色的，说"三色光"还差不多。

星期天，吃过午饭，一家人在看电视。在"星期点歌"栏目里，有人点播《七色光》这首歌，这又勾起了蓉蓉的疑惑，便问坐在旁边的叔叔："叔叔，为什么阳光是七色的呢？阳光明明是无色的呀！"

叔叔正聚精会神地看电视，未假思索地说："七彩就是七彩，还问为什么。"

"我偏要问，偏要问！你不告诉，我问爷爷去。"

叔叔这才认真起来，说："我们看见的太阳光，真的是由七种颜色组成的。"

"我不信，你骗人！顶多是金黄、银白、橘红三种颜色，早晨是金黄的，中午是银白的，傍晚是橘红的。"

叔叔想了想说："那不是阳光的本色，那是太阳的位置和阳光穿透大气层造成的。你想看太阳光的本色吗？走，你跟我来，叫你看看太阳光的色彩。"

说完，倒一杯凉水，拉着蓉蓉来到院子的阳光下，然后说："我向空中喷水，来个'人工降雨'，你看有什么现象？"

叔叔向空中使劲地喷了一口水，喷得像水雾一样。蓉蓉惊奇地发现，在水雾中，出现了一条小小的彩虹。叔叔又喷了几次，次次都是这样。

叔叔说："这彩虹就是阳光变的，它和雨后的彩虹一样。蓉蓉，你知道彩虹是由几种颜色组成的吗？"

"不知道。"

"你刚才没有看清吗？我再喷两口水，你仔细分辨一下。"

叔叔又喷了两口水，可彩虹只能存留两三秒钟，蓉蓉仍旧分辨不出几种颜色。

"这样吧，咱弄一个不消失的彩虹，你再仔细分辨。"

于是叔叔找来一根三棱玻璃棒，又在院墙上贴了一张白纸，然后拿着三棱玻璃棒，让它一面对着太阳，一面对着白纸，一面对着地面，微微地动了几下，奇异的现象出现了：一道彩虹映在白纸上。蓉蓉仔细地分辨着它那清晰的几条色带：红的、橙的、黄的、绿的、蓝的，还有紫的；蓝的和紫的之间，还有一种不蓝不紫的颜色，蓉蓉不知道它叫什么颜色。叔叔告诉她，叫靛（diàn）色。这下蓉蓉明白了，原来太阳光真是七彩的呀！可她还有点儿想不明白，为什么平时太阳不显出七色，照在水雾上和三棱镜上就分成七色了呢？她只好再问叔叔。

叔叔说："这个问题不容易说清楚。现在你还小，我只能告诉你一个大概。当太阳光射入三棱镜，再从镜中射出时，要出现两次折射；但由于不同颜色的光折射的角度不一样，所以经过折射，就被分离开了。红色光的折射角最小，所以在上面；紫色光的折射角最大，所以在下面；其他的五种颜色光因为折射角慢慢增大，便排列成橙、黄、绿、蓝、靛的顺序。"

听了叔叔的讲解，蓉蓉明白了，原来太阳光真是七色的，它们平时混在一起，不被分离，这才看不出七色。她禁不住高兴地哼起《七色光》这首歌。

可是，她万万没有想到，叔叔却又说："七色只是人眼能看到的阳光，此外还有人眼看不见的红色以外、紫色以外的阳光，叫作红外线、紫外线。"蓉蓉听了，觉得这又是一个得问明白的问题。

能在黑暗中照相或者摄影吗？

摄影大赛开始了。各种名牌的照相机云集在比赛场地，对着明媚阳光下的山山水水，各显神通，"咔咔咔"的一个劲儿地响着快门，摄取影像，创作摄影作品。只有一架照相机蹲在一旁看着伙伴们紧张的比赛。

看到这种情形，一架叫海光的照相机关心地说："喂，老弟！还不快点抓紧阳光大好的时机多拍几张，等会儿太阳落山了，就拍不成了。"

"谢谢老兄关照。现在我比不过你们。"蹲在一旁的那架照相机说。

"是怯场了吧？好歹拍上几张吧，得不了正数第一，还得不了倒数第一？"一架年轻的照相机嘲讽地说，他觉得自己是最新产品，性能最好，谁也比不过他。

蹲在一旁的那架照相机听了，微微地笑了笑，没理睬他的话，可心里却说：哼，有你无可奈何的时候。

这架蹲在一旁的照相机，叫红外照相机。

太阳慢慢地向西走着，也许是将近一天的照明工作使他疲劳了，光亮越来越暗，渐渐地，就剩下一些昏黄的光了。那些"咔咔"地拍个没完的照相机渐渐地停止了拍照，他们的眼睛模糊了。有几架不甘罢休的照相机，闪起了自己的闪光灯。可闪光灯的作用太小了，景物稍远一点儿，稍大一点儿，他就"光不能及"了。

又过了一会儿，太阳终于下山休息去了。照相机们以为比赛到此结束，纷纷挑选出自己得意的摄影作品交给评委会。可万万没有想到，评委会说，比赛刚进行一半，还有另一半没有进行，那就是夜间无照明拍摄。

"夜间无照明拍摄？"许多照相机吃惊地叫了起来。也有些照相机闪着闪光灯想试一试，可一架架的都败下阵来，他们只有眼前一小片可怜的闪光，怎么能在夜间拍照呢？

这时，那架叫红外照相机的站起身来，对着一片黑暗的景物，近拍远拍、俯拍仰拍、立拍卧拍，津津有味地拍个没完，还故意玩一点儿潇洒，叫那架说风凉话的青年照相机看。

比赛结束了。评委会评出两个一等奖：白天摄影作品一等奖——海光照相机，夜间无照明摄影作品一等奖——红外照相机。海光照相机和红外照相机互相祝贺。

事后，海光照相机问红外照相机有什么特殊本领能进行夜间无照明拍摄。

红外照相机告诉他说："在人眼可看到的红、橙、黄、绿、蓝、靛、紫七色光以外，在红色一端以外和紫色一端以外，还有人眼看不见的光，叫红外光和紫外光。几乎所有的物体（包括人体）都会发出人眼看不见的红外光。像你们这些普通的光学照相机，只能看到人眼看得见的光，我就不同，我能看得到人眼看不见的红外光；你们的照相底片只能对人眼看得见的光进行感光，我的照相底片也与你们的不同，它能对强度较大的一些红外光进行感光。在黑暗的情况下，物体发不出人眼看得见的可见光，却仍在发出人眼看不到的红外光。所以，我就用我的眼睛——红外探测器'看'物体发出的红外光，并传到底片上感光，拍摄出与你们拍的照片不同的红外照片。"

海光照相机听了，赞叹道："你真了不起。"

红外照相机谦虚地说："哪有什么了不起呀，咱们各有所长，互相补充吧。"

其实，红外照相机还有许多本领因为谦虚没说呢。他还可以透过雾气和海水拍摄呢，因为红外光能穿透雾气和海水。甚至，他还可以对人和动物刚刚离开时留下的痕迹拍摄，因为人和动物刚才停留的地方温度比周围稍高一点儿，能发出稍强的红外光。现在，人们已经制造出灵敏度相当高的红外照相机，可以从高空"看见"大森林中一个扔在地上的香烟头发出的红外光——红外照相机的本领真大呀！

科学王国里的故事

黑暗中的"火眼金睛"——红外线

在可见光的两端还有两种人眼看不见的光：红外光和紫外光。

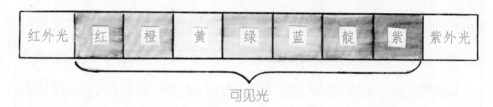

| 红外光 | 红 | 橙 | 黄 | 绿 | 蓝 | 靛 | 紫 | 紫外光 |

可见光

红外光又叫"红外线"，指波长在0.76～1000微米范围内的电磁波。一切物体总是在不断发射红外线，因此红外线无处不在。红外线的波长比红色光还要长，所以遇到障碍物容易绕过去，因此它被广泛用于军事侦察。在黑夜，红外线被称为"火眼金睛"。

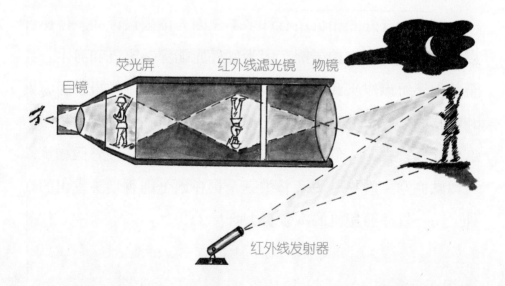

目镜　荧光屏　红外线滤光镜　物镜

红外线发射器

激光的本领有多大？

经过科技人员研究设计和工人师傅精心制造，一批激光器出世了。主人告诉它们说："你们都是有特殊本事的器械，现在派你们去参加世界机械设备和工具的技能比赛大会，希望你们能发挥各自的优势，在各项比赛中取得优异成绩，为研制你们的主人争光。"

比赛大会准时在世界科技体育场开幕。

第一个项目：打孔比赛。

首先上场的是一台先进的钻孔机。只见它飞快地旋转自己的钻头，向一块铁板钻去，不一会儿，便打出了一个手指粗细的孔洞。观众们报以热烈的掌声。接着，钻孔机又换上一个细小的钻头，不一会儿，又钻出一个火柴棍粗细的小洞。观众们又一次报以热烈的掌声。

这时，裁判员说："请钻孔机为大家在一块硬质的金属板上打一个直径5微米的细孔。"钻孔机一听，犯了难。它知道，1微米只有1厘米的万分之一，它最细只能打几十微米的细孔，

5 微米的细孔根本打不出来，只好说自己不行。

裁判员见状，便说："哪台钻孔机能行？请上来。"

激光打孔机站起来说："我行，我来打。"

裁判员允许了。激光打孔机走进比赛场地，把自己的激光射孔对准那块硬质金属，射出自己的激光，不到几秒钟，就打出了一个用显微镜才能看见的小孔。裁判员认真检查后，宣布说："钻孔成功，质量优异！"观众们先是一片惊叹，然后鼓起了雷鸣般的掌声。

接着进行切除肿瘤的比赛。

裁判员带着两只小白兔走进比赛场地，说它们的后腿上各长了一个肿瘤，要做切除手术。请普通手术刀和激光手术刀出场比赛，分别为两只小白兔施行手术。

手术比赛在裁判员的口令下开始了。普通手术刀跨步上前，给小白兔局部麻醉，切开皮肉，准确迅速地割除肿瘤，缝合刀口，包扎完毕，动作麻利无比，不到半小时，手术结束。只可惜流了许多血，刀口周围雪白的兔毛染红了一片，地上还扔着许多擦血的棉球和纱布。

就在普通手术刀麻利准确却血流滴滴地做了半小时手术的同时，激光手术刀却不慌不忙地把自己的激光射孔对准小白兔的肿块部位，射出比头发丝还细的光束，对准肿块周围的边缘上下左右地稍微扫射一会儿，肿块立刻被切除了。小白兔似乎没感到疼痛，也几乎没流一点儿血。

从手术所用时间、给小白兔造成的痛苦程度、手术时出血的多少、手术效果几方面评判，自然是激光手术刀取得胜利。

后来，又进行了焊接、测距、通讯、医治眼病等许多项比赛，激光器都以自己的特殊本领战胜了对手，成为世界先进机械、设备和工具中的佼佼 (jiǎojiǎo) 者，受到裁判员和观众的一致赞扬。

激光的故事

1960 年，一个名叫西奥多·梅曼的美国科学家发明了第一台激光器。 他以普通光射进一根特别的人工红宝石棒，结果发出了激光光束。

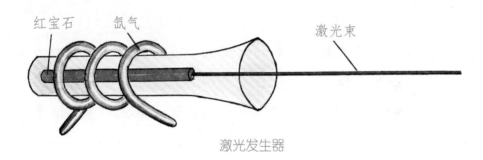

红宝石   氖气   激光束

激光发生器

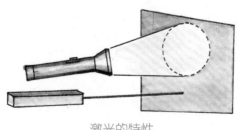

激光的特性

在普通光中，光波是多种混杂在一起，并向四面八方射出的。激光则方向性极强，极少发散，并且辐射能高度集中。

激光的能量极大，它可以穿透厚厚的钢板，还可在坚硬的宝石上打孔呢。

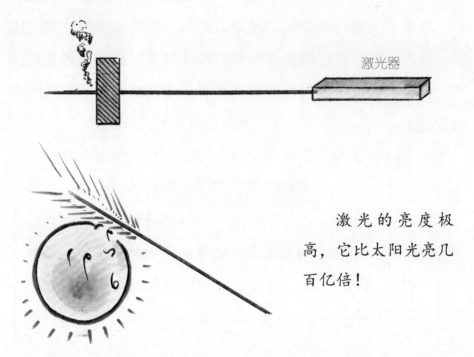

激光器

激光的亮度极高，它比太阳光亮几百亿倍！

激光自诞生以来，便受到广泛的开发和利用，并形成6大激光产业：激光加工、用于核电站的激光分离同位素技术、激光通讯、激光农业与医学、激光信息存贮、激光军事。随着科技的发展，激光的应用会更加广泛的。

激光为什么有特殊本领?

　　世界先进机械设备和工具技能比赛大会以后，普通光就有了一个疑问：大家都是光，激光为什么就有那么多特殊的本领呢？有机会我得向激光问个明白。

　　一天，激光钻孔机在灯光下一闪一闪地给化学纤维喷头打孔。休息的时候，灯光觉得是个好机会，便说："激光老弟，那天的比赛大会，你好风光哟！请问，你的本领怎么那样多那样大呀？"

　　"哎呀，灯光老兄，您可别这么说，我可担当不起，咱们光兄弟都有别人不具备的本领，比如说照明，我就不行啊。"

　　"可照明这个本领太一般了。你的本领多了不起，连别的机械家族的不少本领都超过了。这到底是什么原因呀？"

　　"灯光老兄，你提的问题真不是一下子能说透彻的，我就简单地说说吧。"

　　"那好。"

　　"首先，就是我们的方向一致。咱们光，都是原子从高能状态回到低能状态时发出的能量。我们激光发出以后，大家都朝着一个方向照射，就像人们排着队朝着同一方向一直前行一样。你们普通光就不行了，发出以后，照向四面八方，就像人们在广场上集会后解散那样。就算有聚光措施使你们聚拢成一个方向，像手电、探照灯那样，也是在光束内各奔东西，走得远了，还会慢慢散开。你知道，团结起来力量大。我们激光，有的就是这种高度自觉的团结性。你想想咱们的差别是不是我说的这样？"

灯光想，还真是这样。

"第二，"激光等灯光想明白了，接着说，"就是我们的步调一致。我们激光在朝着同一方向前进时，步伐特别一致，大家'一、二、一'齐步走，步点一样，步子大小也一样。你们普通光就不行了，方向不一致时不用说，就是被聚成一个方向时，大家步调也不一致，你抬脚我落脚，你步子大我步子小，你迈两步我才迈一步。人们不是常说，步调一致才能得胜利吗！就像人们拔河，使劲的方向不一致，劲也用不齐，怎能把几十个人的劲凑成一股劲儿呢？"

灯光不止一次见过人们拔河比赛，失败的一方总是劲使得不一致，便说："激光老弟，你说得真对。"

"第三，"激光继续说，"我们激光能聚积能量，在能量聚积足够时，然后在极短的时间内突然发光，这样，就更增加了我们的力量。你们普通光做不到这一点，总是把力量分散到所有的时间发出。"

"还有呢？"灯光越听兴趣越浓，不由得问了一句。

"基本上就这三点。由于有了以上三个基本原因，我们激光才具有了方向性好、亮度和温度极高、颜色单纯、相干性强这样几个相互关联的特征。人类就是根据我们的这些特征，研制了各种各样的激光器，使我们有了许多特殊的本领。我们真得感激人类呢！"

灯光听了激光的自我介绍，又一次感叹说："我们普通光本领太小了。"

激光连忙说："千万别这样认为，实际上，你们普通光更是人类不能缺少的，在许多方面，人类没了普通光，简直举步维艰。"

这时，主人回来了，按动了电钮，灯光和激光又开始了各自的工作——照明和打孔。

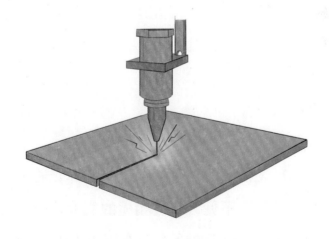

飞机上为什么要装红、绿、白三色灯？

当飞行员的二叔回家探亲了。闹闹可高兴啦，整天围着二叔问个没完。

"开飞机好玩儿吗？""害怕吗？""飞机是怎样穿过云层的？"……

晚上，望着夜空，闹闹又问开了："二叔，飞机在夜间飞行时，为什么总是闪着红、绿、白三种颜色的灯呀？"

二叔没回答，却反问道："你去过大街的十字路口吗？"

"去过！"

"那里，路口或是中心岗亭上，有什么呢？"

"红绿灯呀！"

"干什么用的？"

"指挥交通。"

"这就对了！飞机上的三色灯，也是指挥交通。飞机在夜空中飞行，要是互相看不见，就有相撞的危险。为了避免相撞事故，飞行员必须看清前后左右有没有别的飞机飞行。"

104

正说着，一架飞机驶过夜空。二叔指着飞机说："你看，飞机夜航的时候，左翅膀尖上亮红灯，右翅膀尖上亮绿灯，机尾巴上亮白灯。"

"飞机都是这样的吗？"

"是啊！"

"有什么用呢？"

"你别急，听我慢慢说。"二叔把两个手指搭成"十"字，比画着，"别的飞行员从远处看见灯光，就可以知道这架飞机在什么位置向哪里飞……"

"怎么看呢？"

"你看，如果飞行员看见有一架飞机和自己飞得一般高，而且只看见红、绿两盏灯，这说明对方正向自己飞过来了，有

'撞车'的危险，得赶快避开；如果只看见一盏红灯，说明对方正在左边飞；同样，看到的只有一盏绿灯，说明对方正在右边飞；如果同时看到三盏灯，就说明对方是在自己的下方或上方，不会有危险的。"

"哦，我明白了，原来天上也得注意交通安全呀！"

"对喽！"

"不过，"闹闹皱着眉头，认真地说，"如果阴天有雾，看不见灯光，那不就很危险了吗？"

"问得好！"二叔拍着闹闹的头说，"现在，已经有一种'飞机接近指示器'的装置，它可以帮助飞行员判断情况，只要看一下指示灯就行了。"

"那也费事。等我长大了，发明一种眼镜，不论在什么情况下，都能看清任何东西！"

"那就努力学习吧！"二叔满意地笑了。闹闹也笑了……

猴子消防队是怎样扑灭油库大火的?

一天，大黑熊抽烟的时候，不小心把一大片桦树林给点燃了，桦树林一起火，火焰把半边天都映红了。大黑熊被吓坏了，赶忙拿起电话向猴子消防队求援。

猴子消防队的值班员接到电话后，马上通知了猴队长，猴队长一声令下："一小队准备大水车，二小队准备大水管，三小队速去取水枪，准备完毕，立即出发!"

不到十分钟，猴子消防队便赶到了桦树林。队员们奋勇争先，有的托着长水管子，有的举着大水枪，对着"劈劈啪啪"着火的桦树林一阵猛射。桦树林就像被蒙上了一个水被子，空气稀少了，氧气不足了，温度也降低了，桦树枝有气无力地冒了一阵烟，一场大火很快就被猴子消防队扑灭了。

大黑熊千恩万谢，猴队长还教育了大黑熊一番，要大黑熊多加小心，注意防火，不然就没有住处了。

猴子消防队刚把水管水枪收拾到车上，猴队长的电话又响了，猴队长一听，高叫一声："不好，猫兄弟看守的油库着火

了，我们立刻出发。"只听一个猴队员大声报告："猴队长，我们水车中的水不多了。"猴队长一边指挥出发，一边说："前面有条山溪，立刻准备加水。"

猴子消防队带着满满一车水不到五分钟就赶到了油库。油库的火势比桦树林的可要猛烈多了，大火一蹿十几丈高，滚滚的黑烟就像乌云一样把整个天空都遮住了。

猴队长一看形势危急，就亲自爬上水车，抓起一根最粗的水管子对着一个着火的油桶喷去。火势受到水柱的压力，稍微缓了缓，却突然又一下子变大了，火苗子差一点儿蹿到消防车上，差一点儿烧着猴队长的眼睫毛。

猴队长愣住了，怎么喷的水越多，火势反而越大？消防队员们一个个也觉得不妙，急得吱吱乱叫，忙做一团。

突然，猴队长心里一亮，想起油烧着了是不能用水浇的。猴队长重新抖擞精神，大声向队员发出了新的命令："一小队快拿泡沫灭火器，二小队三小队立刻向油桶上倒土！"

经过一番苦战，油库的大火终于被扑灭了。猴子消防队的队员们都纷纷来到猴队长面前，询问猴队长为什么泡沫灭火器和土才能把油库的火扑灭。

猴队长说："这次救火，是个教训，也是个经验。油着火，是不能用水浇的，因为油比水轻，油桶着火的时候，你往里头倒水，水全沉到了油层下面，这样一来，油层上涨，大大增加了它和空气接触的面积，火势当然就会变得更大。而泡沫灭火器喷出的泡沫里含有大量的二氧化碳气体，二氧化碳既不会自燃，也不助燃，而且比空气重，能很快把着火的油桶包围起来，使火与空气隔绝，没有了空气也就没有了氧气，火自然也就灭了。我让其他队员用土救火，也是要用土隔绝着火处与空气的接触，断绝氧气。"

这次救火，使猴子消防队丰富了救火经验，从此，猴子消防队的本领更大了。

油料着火怎么办？

油料着火勿用水浇

油比水轻，它会浮在水的表面上，反而更加大了它与空气的接触，使火势更旺。

正确的做法

用泡沫灭火器扑灭油火，或用沙土、湿布等压在油火上，从而断绝它与空气的接触，油火也就灭了。

雷克在雪山里是怎样过夜的?

在一个寒冷的冬天，大雪把山路全给封上了，猎人们只好盘腿卧脚地坐在暖烘烘的炕头，一边呷着烧酒，一边擦着他们心爱的猎枪，一连几天，都不再出猎。

猎狗雷克围着猎人的木屋转来转去，时而抖抖鬃毛上的雪花，时而面对白皑皑的森林发出低低的吠叫。突然，雷克看见一只灰色的野兔正在山坡上东张西望，就箭一般向野兔奔去。野兔见雷克追来，便惊慌地躲进丛林，再也不敢露头。

雷克追进丛林，却不见了野兔的踪迹，便非常气恼，索性撒开腿爪向森林深处跑去，想再捕获一个大点的猎物。

天色渐渐暗了下来，四周灰白一片，雷克再也找不到熟悉的山路了，也找不到猎人温暖的小木屋了。雷克有些害怕了，怎么度过这个寒冷的夜晚呢？雷克站在一块突出的岩石上，目光锐利地四下张望，想找到一个能躲避风雪并且温暖舒适的地方过一夜。

终于，雷克发现在一个空地的中央有一堆黑乎乎的东西还

没有被大雪覆盖，就晃着尾巴跑了过去，一看，原来是一架伐木工人废弃的铁机器。猎狗雷克一头钻了进去，满意地躺在了一块铁板上。但过了一会儿，雷克就躺不住了，它感到一股凉气直往身上钻，冻得雷克直打战。

原来，铁是一种传热非常快的东西，猎狗雷克躺在铁板上，身上的热量很快被铁传走了。雷克只得钻出铁机器重新找个地方过夜了。

在另一片空地中央，雷克终于又发现一堆没有被积雪覆盖的东西，走近一看，原来是一个木头垛。绕着木头垛子转了一圈，雷克找到一个缝隙钻了进去。外面的寒风呼呼直叫，大雪眼看就要把这个木头垛都盖严了，可雷克一点儿也不觉得寒冷，不一会儿就进入了梦乡。原来，雷克挨着木头的时候，雷克的体温只传到跟它身体接触的木头的表面，热量不会很快地传走，雷克就能保持自己的体温，不再感到寒冷了。

第二天，雷克找到山路，回到了猎人的小木屋。

热传导

热传导指热量从物体的一部分传到另一部分去，或者从一个物体传递给另一个物体的过程。不同的物质，导热的本领是不一样的。一般来讲，金属导热要比非金属物质快得多。

山羊公公的温度计坏了吗？

在一片大森林里，有一个动物家族，小白兔、小松鼠、小梅花鹿……大家和和睦睦地生活在一起。不过，要说年龄最大、最有学问，还要属山羊公公。山羊公公除了给小动物们引路、带领小动物们觅食，还经常向小动物们传授些知识呢。

这天，山羊公公又让小动物们坐在空地上，要给他们做个有趣的实验。

山羊公公让小梅花鹿们抬来了一烧瓶水，让小松鼠们爬到树上折下一些枯树枝，又让小白兔们小心翼翼地点着火，把烧瓶架在火焰上，就开始烧水了。小动物们不知道山羊公公在搞什么名堂，都睁大眼睛看山羊公公。山羊公公不紧不慢，一边捋着白胡子，一边慢悠悠地从实验箱里拿出一个温度计插到水里。大约过了一分钟，他把温度计从水里拿出来，向小动物们问道："谁能说说现在水的温度是多少？"

小松鼠鬼机灵，"嗖"的一声蹿到山羊公公旁边的一棵大树上，偷偷看了看山羊公公手中的温度计，然后才吱吱地说道："是30℃多一点儿。"

山羊公公笑了笑说道："对，是30℃多一点儿。好，我们接着烧水。"时间一分一秒地过去了，山羊公公一个劲儿地把树枝往烧瓶下面放，火焰越来越大，一直把瓶里的水烧得冒着热气翻滚着，才又把温度计插到水中。

又过了一会儿，他把温度计拿出来看了看，向小松鼠鬼机灵问道："现在瓶里的水是多少度呢，调皮鬼？"小松鼠鬼机灵又一下子跳到树上，想故技重演，可没想到山羊公公早有准备，已经把温度计藏了起来。小松鼠鬼机灵傻了眼，很没趣地从树上跳了下来，坐在地上再也不吱声了。没想到一向腼腆的小白兔却举手发言了，小白兔欢欢说："开水应该是100℃。"

山羊公公呵呵笑了："对，开水肯定是100℃，这是个一般的知识。那么我们继续烧下去，水的温度还能再升高吗？"山羊公公一边说，一边又把更多的树枝往火上放。

这次是梅花鹿斑斑尖声尖气地抢先发言："能，肯定能升到300℃。"说着，还帮着山羊公公往火上架树枝。山羊公公也不阻拦，也不说话，只等树枝快要烧完了，才又拿出温度计在水里插了一会儿，然后把梅花鹿斑斑叫到跟前说："看看是多少度吧。"

梅花鹿斑斑一看，着急地说："山羊公公，你的温度计坏了吧，怎么还是100℃呀？"

"温度计没有坏，水的温度也没有升高。"山羊公公郑重地说。

小动物们安静下来，听山羊公公接着讲道："水到了100℃，就要沸腾起来，沸腾时产生很多气泡，随着气泡冒出的一股股热气就叫水蒸气。虽然我们不停地给水加热，而水在沸腾时也不停地把水变成水蒸气，不停地需要热量，所以水一沸腾，就保持100℃不变了。"

山羊公公讲完了，梅花鹿有些不好意思，小松鼠和小白兔呢，两只眼睛都在扑闪扑闪地看着山羊公公。他们又懂了一个科学道理。

扇扇子为什么会凉快？

　　夏天的傍晚，天气又闷又热，飞飞风风火火地跑进家门，一把抓过一瓶冰镇汽水，咕咚咕咚倒进了肚里。可是，过了一会儿，他不但还是觉得闷热，而且还出了满身汗水。

　　这时候，躺在沙发上的小扇子说话了："飞飞，怎么不找我呀。"

　　飞飞看了一眼小扇子，生气地说道："一边去吧，快热死我了，喝汽水都不行，你有什么用？"

　　小扇子很委屈地说："喝汽水又能怎么样，还不是出一身臭汗，拿起我来一扇你就凉快了。"

　　飞飞本来不想再理睬这个多嘴多舌的小扇子，可实在热得难受，又没有其他办法，就随手把小扇子抓在手里，呼哒呼哒扇了几下。

　　嘿，这小扇子，还真顶事，果然不那么热了。飞飞心里想着，就稍稍停了一下，高兴地打量着小扇子问："你是怎么把空气搞凉的？"

小扇子有些不好意思了，谦虚地说："我可没把空气扇凉，我还没有那么大的本领，只不过是……这样吧，飞飞，你去拿个温度计来，咱们一块儿做个小实验好吗？"

飞飞可爱做小实验了，立刻从抽屉里找出个温度计，按照小扇子的话先看了看温度计的示数，然后用一只手高高举起，另一只手拿起小扇子对着温度计"呼呼"地扇了起来，扇了一会儿，小扇子说："停。"飞飞就把温度计凑近眼前一看，温度计的示数并没有变化。说明室温没有降低。

飞飞觉得很奇怪："既然室内的温度没有降低，我为什么会感到凉快呢？"

讲到这个问题，小扇子可真是口若悬河："那是因为我扇动加快了空气的流动，也使你身体表面的水分蒸发加快了。水分蒸发时，就带走了你身上的一部分热量，所以你就感到凉快了。"

飞飞一听，马上就拍着手说："原来道理并不复杂呀，只要动动脑筋，谁都能想通的。"

为什么粥烧开了会溢出来？

一天，昀昀把粥锅放在煤气灶上，看着火苗发愣。一会儿，粥烧开了，昀昀也不知道。只听"噗"的一声，粥锅溢出粥来。昀昀赶忙回过神来，掀开锅盖，用力地吹飞出来的泡沫，然后把火拧小了。"粥烧开了，怎么会溢出来呢？烧粥也这么难。"昀昀自言自语地说。

"你可别小看煮饭烧粥，这里面可有学问了。"一个声音不知道从哪儿发出来。

"咦？谁在说话？你是谁呀？"昀昀不解地问道。原来，今天昀昀家里只剩她一个人，她的爸爸、妈妈都外出了。所以她自己才煮粥，她这还是第一次煮粥呢！

"我是淀粉。"声音从锅里传出来。

"淀粉，原来是你呀！怪不得粥煮熟了会溢出来，都是你在捣鬼。"昀昀恍然大悟。

"哎，你可别冤枉我，我是米里的主要成分，是给人类增加营养的。我告诉你吧，饭能煮熟，粥能烧开，是要经过一系

列物理和化学变化的。"淀粉不紧不慢地说。

"是吗？原来这里面还有物理和化学知识呐！那你快讲讲吧！"昀昀对"淀粉"说的话产生了浓厚的兴趣。说实话，都上五年级了，她还不知道粥煮开了为什么会溢出来呢！

"别着急呀！你先把火关上，听我慢慢给你讲。你已经知道：我——淀粉是米里的主要成分。你煮粥的时候，又倒上了许多水，所以，当锅里的水烧开时，米和水溶在一起，就变成了热的淀粉糊。"

"淀粉糊怎么会有这么大的本事，让粥溢出来？"昀昀追问着。

"淀粉糊增加了液体的黏度和表面张力。因此，蒸汽从粥里跑出来的时候，气泡外面就包了一层淀粉膜，就是你刚才吹的泡沫。"淀粉顿了顿说。

"那么薄的泡沫，为什么吹破它那么费力呢？"昀昀刚才吹那些泡沫，费了很大的力气。

"刚才不是说了吗？淀粉膜有很大的黏性，所以它形成的泡沫，表面张力就很大，不容易破裂。所以你吹破它们要费很大的力气了。锅里的温度越来越高，蒸汽就会越来越多，产生的泡沫也就越聚越高。当它们升到锅边时，就溢出来了。这回你懂了吧？并不是我淀粉捣鬼，而是一种物理现象。"

"那水开了，为什么不容易溢出来呢？"昀昀又发问了。

"你想想看，锅里的水达到沸点时，就会冒'白烟'，那是蒸汽。蒸汽往上面上升，变成了气泡，这些气泡外边没有淀粉膜，因为水里没有淀粉，这样，泡沫表面没有很大的表面张力，容易破掉，不会积聚起来，所以水开了不容易溢出来。我们从水面看到的'白气'，就是气泡破裂后放出的水蒸气。"

"噢，原来是这样。这下，我彻底明白了。这可真得感谢你呀，淀粉。"昀昀虚心地说。

为什么水珠掉在热油锅里会爆炸？

　　有一天中午，萌萌放学回家，看到妈妈还没回来，就想学着做菜。平时她看过妈妈炒鸡蛋，觉得这道菜比较容易，于是就开始做了起来。

　　她先把铁锅放在炉子上，拧开煤气灶就往锅里边倒油。然后她从冰箱里取了四个鸡蛋，和一根洗干净的葱，都放在案板上，又拿了一只碗，准备打鸡蛋。这时，油热了，而准备工作还没做好，萌萌就赶紧把火拧小，谁知手上的水珠掉进了锅里。这下不要紧，锅里响起了"劈劈啪啪"的爆炸声，油花差点儿溅到萌萌的手上。气得她一下把火拧死，冲着油锅就嚷："你是怎么回事？"

　　铁锅平静地说："是你自己不小心把水珠抖落到锅里，才溅起的油，你怎么能怪我呢？"

　　萌萌一听更加生气了："这跟水有什么关系？"

　　铁锅一点儿也不着急，故意逗萌萌："你难道不知道'水火不相容'这句话吗？"

　　萌萌气得不吭声。这时，锅里的油耐不住了，开导萌萌说："我这油是加了热的，那水珠一掉进油锅里就沉了底，可它马上就变成水蒸气，又从锅底迅速地跃出油面，因此引起了爆炸，发出了响声，溅起了油花。"

　　"为什么水珠掉进油锅里先沉底呢？"萌萌气呼呼地问。

　　"因为水比油重啊！"铁锅答道。

　　"为什么水一下子就变成水蒸气了呢？"

　　"因为油的沸点高达200℃，即使加热的油没有达到沸点，也已经超过100℃了。那么水的沸点是多少度啊？"铁锅倒反过来问萌萌了。

萌萌不假思索地回答："100℃呗！我妈妈总说水达到100℃就开了。"

铁锅高兴地说："对呀！水珠掉进油里时，油早已超过100℃了，水难道不是一下子就变成水蒸气了吗？"

萌萌终于明白了这个道理："水蒸气比油轻，所以就跃出水面，溅起了油花，发出了剧烈的爆炸声。"

听完铁锅的解释，萌萌不生气了。铁锅继续说："当锅里边有水珠时，如果放油，锅烧热以后，同样会发生爆炸溅油花的事，另外……"

萌萌努着嘴对铁锅做怪样："另外，连炒菜用的铲刀、铁勺上也不能沾有水珠，否则也会出现刚才那个现象。我懂了！"

萌萌说着，又拧开火，准备炒鸡蛋，给妈妈一个惊喜！

鸡蛋煮熟后放在冷水中浸一浸，为什么就容易剥掉蛋壳？

萌萌中午放学，一进家门，看见桌上有刚煮出来的鸡蛋，便迫不及待地动手剥起皮来，结果鸡蛋皮沾着鸡蛋清，不情愿似的掉下一小块，急得她直喊妈妈。

这时，她妈妈手里端着一小盆冷水从厨房走出来，看到萌萌这个急样子，"扑哧"一声笑了："你这孩子急的，鸡蛋得用凉水浸一下才好剥皮。"说着，拿起一个鸡蛋放在冷水盆里浸了一下，拿出来递给萌萌："这回你剥剥试试。"萌萌一剥，果然很快就把鸡蛋皮剥了下来，皮上一点儿蛋清都没有。萌萌三下五除二地把鸡蛋吞到了肚里。

萌萌觉得很奇怪，就问妈妈："这里边有什么奥秘啊？"

"这就是热胀冷缩的道理，鸡蛋也会热胀冷缩。"妈妈简单地回答说。

萌萌说："这鸡蛋用凉水浸了以后，我也没有发现鸡蛋变小啊，剥了皮的鸡蛋也没缩小啊！"

妈妈耐心地问萌萌："鸡蛋由几部分组成啊？"

"蛋壳、蛋清和蛋黄三部分组成。"

"妈妈再问你，这几部分软硬有什么区别吗？"

"有区别呀，蛋壳是硬的，蛋清和蛋黄却是软的。"

妈妈进一步解释："所以当温度变化剧烈的时候，这软硬两部分的伸缩情况就不一样了。把刚煮熟的鸡蛋一下子浸到凉水里，蛋壳就猛然收缩，蛋清却还没有接触到凉水，因此它不会立刻收缩体积，这样，其中一小部分蛋清就会由于蛋壳的挤压，被挤到鸡蛋的空头处……"

萌萌打断了妈妈的话，若有所思地说："等到蛋清也被凉水泡凉以后，再开始收缩时，蛋壳和蛋清早已脱离了，因此，剥起来就不会连壳带清一起剥下来了。对吧？"

妈妈笑着连连点头，然后故意看了一眼桌上那只"伤痕累累"的鸡蛋。萌萌冲妈妈扮了个鬼脸，拿起那只没经过浸冷水就剥皮的鸡蛋，三口两口地吃进了肚里。

刚烧开的水，是下边的热还是上边的热？

"叭"的一声枪响，震撼了整个森林。一年一度的"森林冬季长跑运动会"开始了。由梅花鹿、小白兔、斑马、野猪等几十只动物组成的长跑大军似离弦的箭一般，冲出了起跑线。顿时加油喝彩声四起。树上的小猴子嘴里喊着加油，急得蹦上蹦下；灵巧的小松鼠两手挠着脑袋，神情十分焦急。最后，猎豹以1小时12分的成绩取得了本届运动会的冠军。

一场比赛下来，运动员和啦啦队队员都渴得口干舌燥，嗓子直冒烟，大家就都围到供水处旁的大树下，等着喝开水。

一会儿水开了，小猩猩乐得一蹦三丈高，伸手就去搬壶身倒水喝。结果，只听他"哎哟"一声，被壶身烫得直甩手。大猩猩笑呵呵地走过来说："你这个小鬼，偏要抢水喝，看，烫着你了吧？"说着一手提着壶梁儿，一手托着壶底，给小猩猩倒了一碗水。

小猩猩看着爷爷刚才托壶底的手，再看看自己烫得通红的双手不解地说："爷爷，为什么我用手去摸水壶，烫得手都红了，你刚才也摸水壶，却一点儿事也没有呢？难道你会法术？"听了这个问题，在树下等水的小动物们也都觉得很奇怪，便不知不觉凑上前来，听听这位老学者是怎样解释的。

大猩猩坐下来，不紧不慢地说："我并不会什么法术。我没有烫着手，是因为我摸的是壶底。用壶烧水的时候，先被烧热的是下边的水。这些水受热后，身体膨胀，密度变小，就会向上流动，把上边的凉水挤到下边去。凉水沉到壶的下边以后，也被火烧热，当它们比流到上面的水更热时，又会流到上边来，把比它们凉的水挤到下边去。就这样，你上我下，我上你下地流个没完，直到上边下边的水都到了100℃，水就烧开了。可实际上，水刚刚烧开的时候，温度还没有完全达到100℃，也就是说，下边部分没有上边部分热。所以，当壶里的水刚刚烧开时，我们用手去摸壶底，就感到不太烫手。"大家听了这番解释，才解开了刚才的谜。

顽皮的小猩猩听得似懂非懂，突然心血来潮地说："那我也摸壶底试试。"

"别……"大猩猩话还没说完，只听又是"哎哟"一声惨叫。看着小猩猩的惨相，大家既心疼又觉得好笑。

大猩猩语重心长地说："哎，什么都是一知半解，我的话还没说完，你就急着想试试，吃苦头了吧？"

"这又是为什么？"小猩猩又不明白了。

"那是因为壶里的水开过一段时间，壶底的部分也会热得跟上面的水一样烫手了。"听了爷爷的一番道理，小猩猩惭愧地低下了头，心里默默发誓：以后再也不自以为是了。

看着小猩猩此时既惭愧又尴尬的窘相，小动物们又嘻嘻哈哈地笑了起来。森林冬季长跑运动会也在笑声中结束了。

对流传热

液体或气体中的传热，是靠液体或气体的流动来进行的。由于热胀冷缩，温度高的液体体积增大，密度变小，也就相对轻一些。于是热的液体要上升，冷的液体要下降，它们相互交换位置，同时也把热量带来带去，这就是对流。当整个液体热度一致后，对流也就结束了。为了加快对流过程，可用搅拌或扇风的办法。

棉袄会给你温暖吗?

　　萌萌和鹏鹏是一对好朋友,经常为探讨问题而打嘴架,争论不休。

　　这一天放学路上,两人并肩往家走。鹏鹏突然望了一眼火辣辣的太阳,眼前刷地一亮,扭头就问:"萌萌,你说都有什么能给人以温暖呢?"

　　萌萌不假思索,张口就答:"太阳、火。"

　　"还有呢?"

　　萌萌眨巴几下眼,说:"食物进入人体也能给人温暖。"

　　"想想,如果现在是冬天,除了暖气、炉子之外,还有什么能给人温暖?"

　　"嗯……还有棉裤、棉被、棉大衣、棉袄呗!"

　　鹏鹏一看把萌萌骗进了自己设计的圈套里,就得意地说:"那可不见得。你瞧,路边那个卖冰棍儿的老奶奶,是用什么盖着冰棍儿箱子呢?"

　　萌萌顺着鹏鹏手指的方向看去,只见路边上一个老奶奶在

树底下摆了个冰棍儿摊，用棉被把冰棍儿箱子捂了个严实。萌萌看到这种情况，不知怎么解释。

鹏鹏慢条斯理地说："如果照你的逻辑推理，棉被给人温暖，也就给冰棍儿温暖，那么冰棍儿应当早就化成水了，可是——"说到这儿，鹏鹏故意拉了一个长声，看了萌萌一眼，继续说，"用棉被盖着的冰棍儿却不容易融化，这又怎么解释呢？"

萌萌说："你别得意，让我想想看。"说完，两人都沉默了。萌萌低着头边走边想，鹏鹏用脚踢着路上的石子，静等萌萌开口。

不一会儿，萌萌忽然一拍头顶，拉着鹏鹏的手笑着说："刚

才，我犯了一个错误，棉袄、棉被等不能给人温暖，而是只起保温作用。就像开水瓶似的，放进开水，水就凉得慢；放进冰凉的水，它就不易升温。它们本身并不发出热量。"

鹏鹏高兴地说："真不假，又没难倒你。棉袄虽然不是热源，但它是一种热的不良导体，它能阻止我们身体的热量跑到外边去，因此能帮助我们保持身体的温暖。"

萌萌接着说："同样的道理，棉被盖在冰棍儿箱上，使得冷气不易外散，起到了保持低温的作用。"

两个好朋友通过争论又弄明白了一个道理，高兴得抱在了一起。

火车上为什么要装两层玻璃窗?

　　快要过年了，丁丁高高兴兴地坐上火车回老家看望奶奶。一上火车，他就跑到窗边向外张望。可是有两层玻璃隔着，所以很不方便，于是丁丁打开了一层玻璃窗。

　　火车出站后，越跑越快。丁丁仍旧倚在窗口向外看。过了一会儿，他觉得有一股一股的凉气从玻璃上袭来，就赶忙关上了那层玻璃窗。立刻，凉气没有了，这是为什么呢? 一个大问号在丁丁的脑海中产生了，他出神地看着窗子，思考着这个问题。

　　伴着火车那有规律的"咯噔咯噔"的声音，丁丁进入了梦乡。在梦中，丁丁来到了一个陌生的地方。那里也有树、房子、公路、各种车辆，所不同的是这些物体都是会动的，会说话、唱歌，非常有趣。丁丁想去奶奶家，便坐上了一列正在歌唱的火车。他来到火车上，所有的东西都非常有礼貌地问候："您好!"丁丁怀着好奇心，走到窗边坐下，一看，窗子正望着他眯眯笑呢。丁丁有礼貌地问："您好!"可他听到回答的声音

却是三个。不对呀，丁丁想：一层玻璃窗，两层玻璃窗，应该是两个声音呀。玻璃窗见丁丁很奇怪，便猜出了八九分，于是它开口说："很奇怪吗？告诉你，第三个声音的发出者你是见不到的。"

"它是谁，它是谁？"丁丁急忙问。

"它在我们之间，在你们周围。在世界上的每一个角落都有它的存在，它就是空气。"玻璃窗慢慢地说。

"空气，空气，我问你个问题好吗？为什么火车要装两层玻璃窗呢？"丁丁把自己一直思考的问题说了出来。

"噢，这个呀。在火车上如果只装一层玻璃，那么这块玻璃就会成为冷空气的伙伴，帮助它向外运送热，里面就变冷了，这样起不到保温的作用。另外玻璃的缝隙也是冷气进入的通道。所以，就装了两层玻璃窗，并找来了一个可靠的保暖的伙伴……"

空气是不易传热的。

"那是谁，那是谁？"丁丁不解地问道。

"是我，是我呀。"空气忙回答道。

"你——"丁丁不相信自己的耳朵。

玻璃窗又开口了："对，就是他——空气。他比起别的物质来，是不易传热的，他待在两层玻璃中间，就好比给车厢穿了一件棉衣，外层玻璃很冷，但内层玻璃却很暖和，这样就不怕外面的冷气了。"

这一下丁丁明白了，原来空气是一个这么好的伙伴呀，大家一起唱着欢乐的歌，火车向着远方跑去……

丁丁迷迷糊糊地醒来，向窗外望去，火车刚刚停稳，站台上人来人往很热闹。奶奶家到了！丁丁兴奋地下了车，向奶奶家飞奔而去。他要把自己的梦讲给奶奶听，让奶奶也长长知识。

为什么热水瓶能保温？

　　最近，长尾猴买了一个热水瓶，漂亮的外壳，崭新的木塞，长尾猴小心地抱着热水瓶回家，生怕摔坏了。

　　回家后，长尾猴拧开燃气灶，烧了满满一壶水，倒进了热水瓶内。看着热水瓶，长尾猴高兴得直想拍巴掌。

　　下午，长尾猴的好朋友长臂猴串门来了，一进门长臂猴就说："喂！兄弟，听说你买了一个叫什么热水瓶的东西，我能不能瞧瞧？"长尾猴爽快地答应："没问题，进来吧！"

　　他俩一同走进厨房，长臂猴一眼就看到了热水瓶，忙问："这就是热水瓶？""嗯。这个水瓶可棒呢！倒进开水不会凉！我早晨灌进的开水，这会儿肯定还热呢！"

　　说着，长尾猴倒了一杯水，长臂猴说："我不信！"他伸着脖子喝了一口，还没咽下，就吐出来，边叫着边用手一个劲儿地给嘴扇风，喊道："烫死我喽！"长尾猴哈哈大笑起来。长臂猴生气地说："你买的什么壶呀，里面的水这么长时间还这么热！"这句话可真使长尾猴动起脑子：对呀，这么长时间，为什么水还这么热呢？他俩带着疑问快步出门，去对门找熊猫博士讨教。

一进熊猫博士的家门，长尾猴就嚷起来，"博士，这是为什么呀？"熊猫博士说："长尾猴，有什么疑问呀？"长尾猴就把事情的经过和心中的"问号"讲了一遍。

熊猫博士扶着眼镜笑笑说："这就要从热的辐射说起，比如夏天的晚上，太阳已经下山了，但朝西的墙壁还在散发着热，这就是热的辐射。解决辐射的最好

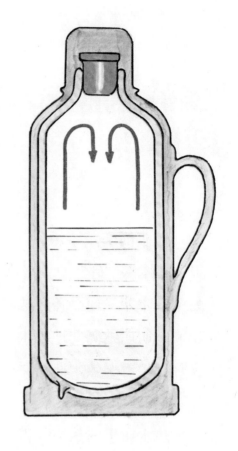

办法是把它挡回去。而反射热最好的是镜子，在热水瓶中有一个瓶胆，由于瓶塞子把对流和传导的路都切断了，只留下了辐射，再把瓶胆涂上一层很像镜子亮度的水银把热水的辐射挡了回去，所以，热水瓶的水能保持很长时间不变凉。"

"噢！"长尾猴和长臂猴心服口服地说："原来是这个道理啊！"

为什么热水瓶的木塞会自己跳出来？

　　萌萌倒了一杯开水，把热水瓶放到原处，盖上木塞刚要离开，小木塞"砰"的一声跳了出来落到地上，吓了萌萌一大跳。她拾起木塞又使劲盖在热水瓶上，不料，木塞不一会儿又跳了出来。萌萌纳闷儿地把木塞拾起来，左看右看，看不出问题，又仔细地看了热水瓶口，也没有问题。于是她自言自语地说："奇怪！"

　　热水瓶里的热空气得意了，细声细语地说："一点儿也不奇怪，有了我，木塞就会自动跳！"

　　萌萌瞪大了眼睛拿起木塞，仔细地看了看，使劲摁了下去，说："叫你还自动地跳！跳哇！有本事跳哇！"

　　木塞这回更不示弱，"腾"的一跳老高，超出了前两次的高度。

　　热水瓶内的空气发话了："萌萌，别跟它斗气了，你越斗，它越得意。"

　　萌萌问："你是谁？"

"我是空气，没有我，木塞就不跳了。"

萌萌问："为什么呢？"

空气慢条斯理地说："我本来不是热的，当你把木塞盖上去的时候，我就被关在热水瓶里受到热水瓶里热水的加热，我一遇热，就膨胀了。可热水瓶口让你用木塞堵住了，我膨胀不开，就去用力顶木塞，结果木塞就跳起来了。你盖得越紧，它就跳得越高。"

木塞一听到秘密全被空气给揭开了，就"呵呵"地乐了起来，好像做了一个恶作剧一样得意。

萌萌不理木塞的窃笑，向空气讨要制服木塞的主意，问："怎么样才能制住木塞的弹跳呢？你会不会帮助我呢？"

空气乐哈哈地说："别急，我这回不帮它了，来帮助你制服木塞，看它还能得意不？"

萌萌高兴地拍手，"你快说，快说！"

"如果你在盖木塞的时候，先把木塞放在瓶口，留出一点儿缝隙，把水瓶轻轻晃动一下，我就会乘机出来。这时，你再把木塞盖紧，它就不会弹跳了。"

萌萌按着空气说的方法做了，木塞果真没有再弹跳出来，老老实实地盖在了热水瓶口上。

顶起木塞的是空气

　　冷空气进到热水瓶后，受热膨胀，便把木塞顶开了，而且盖得越紧，木塞被顶得越高。

冷空气

膨胀

　　正确做法：轻轻盖上木塞，让膨胀的空气跑出一些，木塞就不会被顶开了。

体温计的水银柱为什么不会自动下降?

　　夜幕降下来了。小雪独自在家里,觉得浑身滚烫滚烫的,知道自己可能发烧了,就铺好被子,准备试完了体温就睡觉。可小雪拿出体温计一看,咦?还是上次发烧时量体温的38℃。小雪奇怪了:怎么一般温度计的水银柱能自动下降,而体温计的水银柱却不行呢?她又找出温度计,仔细和体温计比较,也没找出什么不同。哎!先试了体温再说吧!小雪用力地甩了几下体温计,看水银柱指着正常体温后,就把体温计有水银球的一端含在嘴里。水银柱慢慢上升,小雪看了看,又是38℃多,她赶忙吃了些药,睡下了,可脑子里仍想着:为什么体温计的水银柱不会自动下降?渐渐地,她睡着了。

　　"小雪!"有个声音在叫她。

　　"你是谁呀?"小雪看到眼前有个白胡子老爷爷。

　　"我是智慧爷爷呀!遇到难题了吧,告诉我,我来帮助你。"智慧爷爷温和地说。小雪就把事情说了一遍。

　　"噢,是这样。小雪,你注意一般温度计玻璃管的内径和

体温计的内径了吗？"智慧爷爷问。

"它们不都一样吗？"小雪说。

"不一样。一般温度计玻璃管的内径从上到下都一样大，体温计的玻璃管内径大小可不一样。你看，它的水银柱和水银球相接的地方做得特别细，并且还有一个弯儿。"智慧爷爷接着说，"所以，你把体温计放在嘴里后，水银球里的水银受热膨胀，它就从这个狭窄的口子里挤出去。这样，就能测出你的体温了。"智慧爷爷捋着胡子说。

"那为什么它不能自动下降呢？"小雪又发问了。

"别急嘛！你试完体温，把体温计从嘴里取出来，水银受冷，再加上它本身具有的'内聚力'，拼命收缩，结果，使水银在那段特别细而且弯的口子处断成两截。上面的一截指示体温，由于它自身的'内聚力'，就不会回到水银球里。这样，测得的体温才准确呀！"智慧爷爷看着小雪笑着说。

"智慧爷爷，为什么用体温计前，要用力甩呢？"小雪急切地询问。

"因为只有这样，才能使上面一截水银柱在甩动的惯性作用下，回到下面的水银球里。"

"智慧爷爷，我明白了。体温计的设计真巧妙。要是没有那个狭窄的口子，体温计从嘴里取出来以后，水银一碰到外面较冷的空气，就会立刻收缩，那样，测得的体温就不准了。"小雪边想边说，"智慧爷爷……"小雪刚想再问几个问题，智慧爷爷却奇妙地不见了。

突然，小雪醒了。呵！天都大亮了，小雪觉得身体好多了。她又拿着温度计和体温计仔细地看着，又细细回想着"智慧爷爷"的话，这回她彻底明白了。

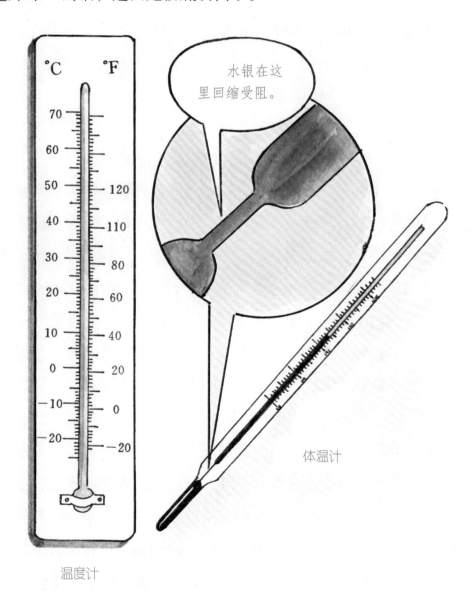

温度计

体温计

小溪为什么会潺潺地响?

　　星期天，明明和云云到野外山区春游，在一条山谷中，他们发现了一条小溪，便蹲在小溪边玩起清澈的溪水来。

　　玩着，玩着，云云发话了："明明，你说小溪为什么老是潺潺地响?"明明挠了挠头，说："我想可能是小溪中的水自己会响吧!""我不这样认为。"云云说，"我觉得是溪水撞击在许多小石头上发出的声音。"说着说着，两个人争论起来。

　　"你们不要吵，我来告诉你们答案。"一个清脆的声音使两个人停止了争吵。明明和云云不约而同地问道："你是谁?""我是溪水!"两个人一听，都问："溪水，请你告诉我们，你为什么会潺潺地响?"

　　溪水得意地说："因为我们溪水是从高处往下流的，所以我们包裹住了上面的一部分空气，就形成了许多小水泡，小水泡破裂时就会发出响声。我们如果冲到低处的石块和凹凸不平的地方，也会引起空气的振动，而发出声响来;在山石陡峭的峡谷里，这种潺潺的水声还会在山谷中回荡，不绝于耳呢!"

　　"原来是这么回事。那么我们在吹爆气球时发出的声音和拉胡琴时发出的声音，是不是也是这个道理呢？"两个人一起问道。

　　溪水微笑着说："是的，你们在吹气球时，气球里面的气体逐渐增多。当气球里的气体装得太多了时，它们就要冲破这层橡皮膜跑出来，这时气体发生了激烈的振动，就发生了"叭"的一响，所以说我们潺潺的响声与吹爆气球时发出的响声，都是由于物体振动引起空气振动而发出的声响；胡琴声也是一样。不过，它发出声响的原因较复杂，其中主要是琴弦的振动和蛇皮琴膜的振动。"

　　"噢，这里面还有这么多学问呀！"听了小溪的讲解，明明和云云明白了小溪潺潺地响是由于物体振动的缘故。

我们听到的声音是怎么回事

声音是物体的振动在空气、水、钢管、地面等媒介中传播的一种波，所以又叫"声波"。声波传到耳朵里，引起鼓膜的振动，于是我们就听到了声音。

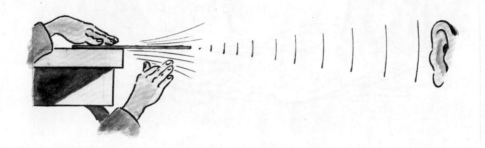

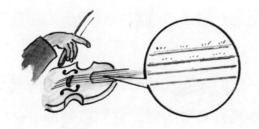

小提琴靠琴弦振动引发琴中空气振动，来发出悦耳的声音。

枪炮在射击时，火药气体骤然膨胀，与空气发生剧烈冲击，引起空气振动，从而发出爆炸声。

146

为什么夜晚在小巷里走路时会发出声响?

今天是星期天,明明在姥姥家玩了一整天,晚上他告别了姥爷姥姥,独自向家走去。这时天色已晚,街上已没有人了,路灯也不知为什么没亮着。他走在那条狭窄的小巷里,脚踏在石子上面,发出有节奏的脚步声。走着走着,明明又听到了一种"咚咚"的声音。他心里一慌,脚步不由得加快了起来,谁知"咚咚"声也紧跟着急促起来。明明虽听家长和老师说过,世界上没有鬼神的存在,但眼前的奇怪现象他自己又无法解释。"是不是真的有鬼?"明明禁不住这样想着。

好不容易到了家,爸爸妈妈见明明满头是汗,慌慌张张的样子,急忙问原因。明明把事情的经过说了一遍,爸爸听了,哈哈大笑,抚摩着明明的头说:"傻孩子,世界上哪有什么鬼怪。不过,黑夜一个人在小巷里行走,除了脚步声以外,确实还会听见另一种声音,好像有人跟在后面。这只是一种自然现象。"

"那是怎么一回事呢?"

"明明，你想想，在两道高墙之间大喊一声会怎样呢？"

"会有回声。"明明答道。

"对，这叫回音。人在地面上走动时，会发出脚步声，由于小巷很窄，声音碰到两侧的墙壁，会被墙反射回来，也就形成了回音。"

"那为什么白天没有这种现象呢？"

"这就要你自己动动脑筋了，想想白天跟夜晚有什么不同呢？"

明明手托着下巴，眼睛望着天花板，想呀想呀，过了一会儿，他一拍大腿兴奋地说："我知道了，爸爸。大白天，人来人往，工厂里的声音、汽车的声音，十分嘈杂，脚步声的回音很弱，它被其他声音淹没了，所以只能听到脚步声。可是，晚上却很寂静，脚步的回音不会被其他声音淹没，所以就听见了。我说得对吗？"

爸爸伸出大拇指，说："明明，你真是个聪明的孩子。如果小巷非常窄，脚步声的回音碰到墙壁后还会继续发生反射，巷子愈窄，反射次数也就愈多，这时可以听到一连串的回声，这叫作颤动回声。世界上是没有鬼怪的，那只是自己吓唬自己。运用科学知识，就很简单地解释了这个问题。"

"爸爸，谢谢你。我今后一定要多读书，掌握更多的科学文化知识，遇事多问几个为什么，保证再也不会发生今天这样的事了！"

水很快地从瓶子里倒出时
为什么会噗噗地响?

　　放学了,思思做完了功课,又摆弄起她那只布娃娃来了。这时,思思的小伙伴们在楼下喊她,让她去玩"过家家"。她急忙放下了手中的布娃娃,从柜子中拿出为了玩"过家家"而准备好的塑料小铲、小碗、小杯子。

　　之后她又从一箱空汽水瓶中抽出一个空瓶,来到水龙头前冲洗,想拿着这个瓶子和那些塑料东西当"过家家"中的"餐具"。当思思把洗过瓶子的水竖直从瓶内倒出来时,发出了"噗噗"的响声。

　　这个声音被布娃娃听到了,等思思拿着东西下楼后,它便蹦到空汽水瓶们的跟前,瞧了又瞧,看了又看,没看出什么来。汽水瓶们被看得有些不好意思了。这时,终于有一个瓶子忍不住开口了:"喂,你这个小布娃娃,在看什么?"

　　布娃娃听了,不解地问:"瓶哥哥,你们身上有喇叭吗?"

　　"什么,喇叭?我们身上怎么会有喇叭呢?"瓶子觉得布娃娃提出的问题十分奇怪。

149

可布娃娃还是不死心，仍旧问："那为什么刚才我的小主人在洗你们同伴的时候，会有'噗噗'的响声呢？"这时，瓶子才明白过来，布娃娃原来是不明白为什么会产生这种响声啊！还是刚才那个瓶子嘴快，对布娃娃说："那声音是因为空气和水发生冲击碰撞才出现的。"

"什么？空气和水相互冲击！"布娃娃似乎被瓶子的话弄得更糊涂了。

瓶子看到布娃娃那迷惑的表情，便指着自己空空的肚子说："你看看我，里面有什么东西吗？"

布娃娃听了，看了看空瓶子，说："你，你的肚子是空的，里面当然什么也没有。"瓶子听后摇摇头。布娃娃知道自己回答错了，又仔细地想了想，便又抢着说："噢，空瓶里有空气，是吗？"

瓶子点点头："回答得很对，我们瓶子，不是装东西，就是装空气，在一般情况下，瓶子永远不会是空的。瓶里装满了水，空气就被排出去了。要是把水从瓶里倒出来时，空气就又会跑进去。

"如果把瓶口朝下，倒水的时候，瓶口全被往外流的水堵住了，空气无法顺利地从瓶口进去，它就使劲往里撞，这样水和空气相互发生了冲击，就发出'噗噗'的声响。"

这时，布娃娃脑中的疑团解开了。但布娃娃立刻又想起了前几天的一个中午，看见主人洗完瓶子后把瓶子侧过来倒水，却没有"噗噗"的声音。布娃娃又把这个问题告诉了瓶子。

瓶子一听，笑了，还真佩服布娃娃这种要懂就懂到底的精神，于是便说："如果把瓶子侧过来，让水慢慢地流出，这样下面流出水，上面流进空气，互相不发生冲击，自然也就不会有'噗噗'的声音了。"

这下，布娃娃全都懂了。布娃娃谢过瓶子之后，便高高兴兴地去找同伴讲述刚才学会的一切。

大队人马过桥时为什么不能用整齐的步伐?

19世纪初，拿破仑率领法国军队入侵西班牙。先锋部队先出发，途中，遇到一条河，滚滚地从东而来向西流去，发出巨大的声响。两岸是陡峭的悬崖绝壁。河边没有船，只有一座孤零零的悬桥。

为了壮大军威，先锋官让士兵随着"一、二、一"的口令声踏着整齐的步伐排队过去。当他们快到对岸的时候，桥再也支持不住了，"轰隆"一声响，桥的一头跌进了大河，把军官和士兵都抛进了大河里，淹死了许多人。

几天以后，拿破仑率领军队开到这里。他骑着战马来到河边，看到坍毁的大桥，忙向一旁幸存的兵士询问缘由。士兵告诉他说，是由于桥突然塌陷造成的。拿破仑一看见那凄惨的景象，就已有七八分不满，如今一听说是桥的原因，更是怒发冲冠，于是他命令兵士把那剩下的桥柱全都捞上岸来个"碎尸万段"。

哪知他语音刚落，就听见桥柱在河水里诉冤："英明的将军，请你在查明真相之前，不要将过错全都推到我们身上。"

"难道你们没有错吗？"

"是的，我们没有错，错就错在你的军队要统一步伐过桥。"

"胡说！哪有这般道理？"拿破仑将军认为桥柱是在推卸责任。

桥柱也顾不上全身的疼痛，就向他解释起来："那天，你的军队踏着统一的步伐过桥，每个人的脚都同时踏在我们身上，这有节奏的作用力使我们的身体受到了巨大的振动。本来我们自己也在振动，只是极其微弱的，你们是感觉不出来的。这种振动还有一定的频率，叫作固有振动频率。你明白什么是振动频率吗？"

"那还不简单吗？就是在一定时间里振动的次数。"拿破仑有些自傲地回答了桥柱的提问。

"对，可当行军步伐所产生的振动与我们自己的振动频率相近或相等时，就会发生振动的重合，产生共振。"

"共振怎么了？"拿破仑显得有些迫不及待。

"当振动越来越强，超过了我们的主人为我们设计规定的应力时，就会发生几天前的事，使我们落到了这种田地。将军，能不能把我们修好呀？"

"那是肯定的，不过你要告诉我，大队兵士应该怎样过桥呢？"

　　"那很容易，只要你的士兵不再踏着整齐的步伐过桥就可以了。"

　　"哦，我懂了。是不是因为步伐的节奏不同，彼此间就可以抵消一部分的振动，也就不会发生共振了？"

　　"对，对极了。"

　　几天后，桥修复了，拿破仑将军跨着战马，手握军刀，威风凛凛地带领着他的兵士，通过重修的桥梁，继续向西班牙进军。

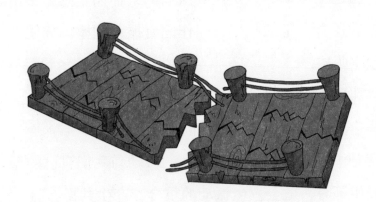

电子手表为什么比机械手表走时准确?

电子手表和机械手表常在一起玩,是一对好朋友。

假日的一天,他俩到了郊外,玩得可尽兴啦!

不知不觉地,太阳快落山了。

机械手表看一下自己,说:"才5点呀,还早着呢!"

电子手表看了一下自己,忙对机械手表说:"啊!都6点半啦,快回去吧!我还要看新闻联播呢!"

"不——对,还差两个钟头呢!"机械手表不慌不忙地拉着长腔。

"怎么会呢,只差半个钟头了,我们得快点赶回去!"电子手表着急地说。

回到家里,新闻联播果然开始了。这证明机械手表错了:足足慢了一个半钟头。机械手表感到奇怪:"我怎么会错呢?哦,可能是很长时间没有跟电台对一对了吧!"

从此以后,机械手表每天睡觉前都跟电台对一次时间。

一天,机械手表想起上次的事,决定再同电子手表比一比谁走时准确。结果，还是机械手表不准确。

机械手表纳闷儿极了："怎么总是我走时不准确？我可是天天跟电台对时间呀！"

为了解开这个奇怪的问题，机械手表找来了许多资料。在一份资料上，机械手表看到了这样一段内容：

"手表走时的准确性，主要取决于机芯中振荡元件的振动频率的稳定性，而其稳定性又与振荡频率的高低有关。频率越高，单位时间里的误差就越小，走时就越准确。电子手表比机械手表的振荡频率高 1 万倍。所以，电子手表比机械手表走时准确得多。另外，由于电子手表不用齿轮等机械零件，就避免了机械零件的摩擦损耗和金属热胀冷缩等因素造成的误差。"

从此，机械手表再也不和电子手表比谁走时准确了。

石头抛到水里，

为什么水面会激起一圈圈的波纹?

妈妈带着萌萌到公园游玩。走到小桥上，萌萌捡了个石子就往倒映着他们人影的水面上扔，结果，妈妈和萌萌的影子乱了，水面上还出现了一圈一圈的波纹，从石子落下去的地方一点儿不乱地向四周扩散开去，越往外扩散，波纹越大。

等到水面恢复平静，萌萌扭头问妈妈："妈妈，这是怎么一回事呀? 为什么水纹是一圈一圈的? 而且越离石子落水的地点远，圈越大呢?"

妈妈抚着孩子的头说："萌萌，你看见过妈妈晒衣服吗?"

"看见过呀!"

"妈妈晒衣服之前，先是把绳子擦一下，刚擦完时，绳子是怎样的?"

"还在晃动呀。"

"对呀，这就是振动的结果，水面平时没有被冲击时好像一面镜子，垂柳、游客都可以在水面上照个影。可是石子一扔进去，就使得水面受到上下振动，而且带动邻近的水面上下

振动——"

"妈妈,我懂了,石头落下去的地方一振动就带动了它们的四邻跟着振动,而它的邻居又带动了邻居的邻居,结果,就形成了一圈比一圈大的水波,一直传向远方。"

"萌萌真聪明,假如能把水面一刀剖开,就能看到它的纵断面——"

"什么是纵断面?"

"哟,妈妈说深了,就像切西瓜,一刀把西瓜切开,露出瓜瓤的那一面。"

"噢!您接着说。"

"切开之后就会发现这是一条有规则的波动曲线,这也证明了水波的确也是一种波。是我们肉眼可以看得见的波。"

"妈妈,照您这么说,还有肉眼看不见的波吗?"

"有啊,比如声波、超声波、光波、无线电波等等,它们都是'波'的一家人啊。"

萌萌又懂得了一个科学道理,回家后可以告诉小伙伴了,她心里十分高兴,牵着妈妈的手一蹦一跳地走出了公园。

水的波浪

石头落入水中,激起小小的波浪,由近而远传向四方。水是由水分子构成的,波浪传到的地方,水分子都被迫运动。它

们先是升起，同时往前移动。升到一定高度时，又落下来降到一定深度，然后又升起来……就这样一上一下地运动。这种运动就是波动。

波长：指波在一个振动周期中所传播的距离。凸起的最高点叫波峰，凹下去的最低点叫波谷。两个波峰之间的距离就是波长。

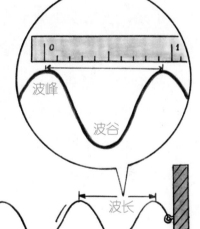

波动：一个物体发生了振动，就带动它周围的物质一起振动，并把这种振动传向远方，就形成波动，或简称"波"。水波、声波、电波、光波等都是这样运动的。

159

小纸人为什么会跳舞?

星期天，在高中读书的表姐来芳芳家玩。吃过午饭，表姐见芳芳没事可做，便说："芳芳，我给你表演个小魔术怎么样？"芳芳一听，高兴极了，立即答应下来。

于是，表姐动手剪了十几个五颜六色的小纸人，都只有葵花籽那么小。剪好之后，拿来两本1厘米多厚的书平放在桌子上，两本书相距20厘米，把剪好的小纸人散放在那里，然后把一块玻璃架在两本书上。

一切准备妥当以后，表姐找来一件旧腈纶上衣团在手里，对芳芳说："观众同学芳芳，请看小纸人跳舞！"说完，便用团在手里的腈纶上衣使劲地擦起玻璃板来。不一会儿，撒在玻璃板下的五颜六色的小纸人一个个立起，在桌面和玻璃板之间不停地蹦跳起来。

芳芳好奇怪，小纸人怎么会自动蹦跳起来呢？正看着，表姐停止了摩擦，小纸人又一个个像霜打了似的，躺在桌面上不动了。

表姐说："芳芳，你来试试。"说完，把腈纶上衣给了芳芳。芳芳学着表姐的样子，也把腈纶上衣团在手里在玻璃板上擦起来。一会儿，小纸人又蹦跳起来，擦得越快，小纸人蹦得越欢。正在这时，表姐对着玻璃板使劲地哈了一口气，说："躺下！"小纸人真的像听到命令似的，任凭芳芳再怎么使劲地擦玻璃板，小纸人也懒洋洋地不蹦不跳了。

芳芳更加奇怪了，想：表姐真的有魔法呢！她还为小纸人不再蹦跳感到特别失望。

表姐看出了芳芳的失望，便把玻璃板拿到火炉上烤了一会儿，重新架在书本上，让芳芳再去摩擦。啊，小纸人又蹦跳起来，而且比刚才跳得更欢快了呢。

魔术做完了。芳芳不明白表姐的魔法是什么原理，非要表姐给她讲明白不可。

表姐说："这叫摩擦起电。干燥的腈纶在干燥的玻璃板上摩擦，会使玻璃板和腈纶衣服上都产生静电。玻璃板上有了足够的静电，就会吸引小纸人，小纸人被吸到玻璃板上，夺去了玻璃板上的静电，玻璃板就失去了吸引力，小纸人就掉了下来。可是你还在摩擦，玻璃板上又有了足够的静电，又把小纸人吸上去。小纸人碰到玻璃板，又夺去了玻璃板的静电，

就又掉了下来。这样，小纸人被吸上去，掉下来，又被吸上去，又掉下来，就在桌面和玻璃板之间跳起舞来啦。"

"可为什么你哈一口气，小纸人就不蹦了呢？"芳芳仍然不解地问。

"因为哈气里有潮气，玻璃板不干燥了，就摩擦不出静电来了。我在火炉上把玻璃板烤一会儿，玻璃板比原来还热，潮气干了，再摩擦起来，静电就产生得多了，小纸人也就蹦得更欢快了。你记住，摩擦起电有这么一个规律，物体越干燥，温度越高，摩擦时产生的电就越多。"

🔍 物质组成及带电性

物质是由分子组成，分子又是由一种或几种原子结合而成的。

原子由原子核和电子组成。原子核中的质子带正电荷，电子带负电荷。

在正常情况下，原子所带正负电荷的数量是相等的，因而物体不显电性（见右图）。

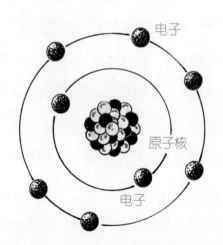

电子

原子核

电子

但原子的热运动
会失去对电子的控制。
带负电荷的电子由一
个物体闯入另一个物
体，而使这个物体带负
电，失去电子的那个物
体就带正电（见左图）。

　　电荷分正电荷和负电荷。它们有一个重要的特性，就是同
种电荷相互排斥，异种电荷相互吸引（见上图）。

电扇为什么会转动?

　　暑假,天气闷热,思思打开电风扇,从玩具箱中抱出一个个毛茸茸的布玩具摆在地板上,开始玩起来。电风扇晃动着脑袋,吹起一阵阵凉风。思思玩得正高兴,忽听楼下有小朋友喊她去跳皮筋,就丢下一堆布绒玩具下楼去了,电扇也忘了关。

　　玩具们看思思走了,屋里只有他们了,都兴奋起来。忽然,小布熊像发现什么似的指着小布狗对大家说:"你们看小布狗身上的毛都竖起来了,真好玩儿!"于是布玩具们都来看小布狗身上的毛。结果布猫咪、布娃娃身上的毛也都竖起来了。大家又把目光从小布狗身上移到自己身上,互相看来看去,都挺纳闷儿。还是布娃娃聪明,一抬头看见了电扇。只见当电风扇的脑袋晃过来的时候,布玩具们身上的毛就竖起来。于是布娃娃赶紧喊道:"你们快抬头看,是这个玩意儿捣的鬼呀!"于是,大家就把目光集中在电风扇上。

　　小布狗刚才被大家看得发窘,现在知道是头上的这个玩意儿捣的鬼,就不顾一切地冲电风扇嚷起来:"你是谁?为什么来捉弄我们？"

"小布狗，这全是我叶片飞转，使得空气流动，才能有风吹吹你们，让你们感觉凉快，怎么能说是捉弄你们呢？"

"叶片，别夸口！没有我电动机，你就不能转动。还是我的本领大！"电动机不失时机地抢功。

布玩具们都静下来，仰着脖子瞧着电风扇，只见叶片接在电动机的轴上，轴转叶片也转起来，看得布玩具们一个个眼酸脖子疼。布娃娃提议："咱们还是玩咱们的吧！"大家都赞成。于是布玩具们开始了它们自己的游戏。

正玩得起劲，忽然它们感觉没有风了，因为它们身上的毛都不竖了。这次布猫咪细声细气地问电风扇："咦，电动机，你怎么不转了？叶片，电动机不转了，你怎么也停了？"

这时，从墙上传来一个声音："没有我，叶片和电动机都没法儿转动。"

布玩具们几乎是异口同声地一齐发问："你是谁？"

"我叫电。电动机要靠电才能转。刚才小布熊玩的时候不小心踩在电线上，把插头弄掉了。供电断了，电动机转不起来，叶片当然停啦！"

"电，还是你的本领最大！"小布熊憨声憨气地说。

"不！一个人的本领是有限的。但几个人团结起来，本领就大了。电风扇会吹风，是靠电、电动机和叶片合作，缺少谁都不行啊！"

叶片和电动机都觉得自己的话有些过分，赶紧保证，以后再也不自吹本领大了。布玩具们也懂得了一个道理：电风扇会转动是电、电动机、叶片团结合作的结果。

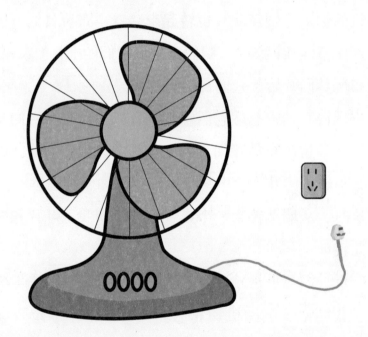

电灯为什么会亮？

开学了，思思忙着做功课，很少玩玩具，只有那个布娃娃例外。每天晚上，思思都把布娃娃放在桌子上，陪着自己在台灯下做作业。一天，思思睡觉以后，布娃娃又把台灯拉开，问道："台灯，我的好伙伴，我问你一件事，可以吗？"

"什么事呀？问吧！"台灯愉快地说。

"就是你为什么会亮呢？"

"傻孩子，是你刚才一拉开关，接通电流，我就亮了。"

"这个道理我懂，一拉开关，就亮；再一拉，就灭。我是说，你的圆脑袋里装的是什么东西？"

台灯呵呵地笑了："你是问我是由什么构成的吧？我这个圆脑袋是灯泡，灯泡里的细丝，叫钨丝，钨是金属中的硬汉子。"

"什么，硬汉子？"布娃娃不解地问。

"钨丝很耐热。它们弯曲地纠缠在一起，电流把它们烧得热乎乎的，热到2000℃时，就会发出白亮的光。"

167

"那么，钨丝会烧断吗？"布娃娃还是担心"硬汉子"。

"不用担心，钨要烧到3400℃才烧化呢！所以一只灯泡能用很长时间。"

布娃娃又问："台灯，我还想问一个问题，思思大屋里的灯棍，里边没有钨丝，怎么也会亮呢？"

台灯很欣赏布娃娃探讨问题的这股好学的劲儿，连忙告诉它："我这种灯是白炽灯；大屋的灯棍是日光灯。日光灯是气体放电发光，跟白炽灯发光的道理不同；但是我们都要通电后发光，这一点却又是一样的。"

布娃娃很感谢台灯帮自己解决了一个思考了很长时间也没有解决的难题。它向台灯表示感谢后，顺手把灯关了，躺在桌子上睡着了。

电灯泡是电流把灯丝烧热到2000℃左右而发光的。如果在灯泡内装上一些特殊气体，还会发出不同颜色的彩光呢！

电是什么？

　　乐乐的叔叔从电力大学毕业，来到发电厂工作。从那以后，叔叔经常给乐乐讲发电厂的新鲜事。这可勾起了乐乐的好奇心：电灯呀，电视呀，电扇呀，都要用电，可电到底是什么样的东西呢？他曾问过叔叔电是什么，叔叔说他还小，没法儿给他讲明白。乐乐正在上小学三年级，便向班主任李老师问了这个问题。

　　李老师想了一会儿，说："下午课外活动时，我讲给你听吧。"

　　好容易把下午的课外活动时间等到了，乐乐催着李老师快给他讲。李老师便对全班同学说："同学们，乐乐想知道电是什么，你们想知道吗？"

　　"想！"同学们齐声回答。

　　"好。咱们今天做个游戏，游戏的名字就叫'电是什么'。不过，在做游戏之前，我给大家讲一点儿知识。"

　　说完，老师便在黑板上画了一个图，图的中心是一个大圆

点，围着这个大圆点，是"云"一样的许许多多的小圆点。中间的大圆点我们称它为"原子核"，小圆点被称为"电子"，由于"电子"数量多且在运动，看似"云"一样，被称为"电子云"。平时原子核与电子相互吸引，不靠近也不离开。要是有什么外力作用，电子就会活跃起来，变成自由电子。自由电子如果被一种力吸引或推动，就会朝着同一个方向流动，形成电子流，这就有了电。大家明白了吗？"

乐乐和同学们互相看着，小声议论着，没有回答。

"大家还不太明白吧？好，咱们来做个游戏。大家围成一圈，每人拿一块手绢，把它团成团。"

乐乐和同学们按李老师的要求站好了。

李老师说："现在大家听我的口令，从左往右一个挨一个传接手里的手绢，预备——开始！"

听到口令，同学们立即开始你传我接起来。几十块手绢在同学们的手中从左到右地传接着，一圈，两圈，三圈，在李老师那"加快，加快，再加快"的催促声中，手绢越传越快，像在人圈上流动一样。这时，李老师说："停！"传接停止了，每人手里依然各有一块手绢。

同学们高兴极了，觉得特别有意思。可乐乐却不明白：这和电有什么关系呢？

这时，李老师说话了："要是同学们每一个人就好比是一个原子，那么成团的手绢就像什么呀？想想做游戏前我讲的知识。"

同学们想了想，禁不住七嘴八舌地说："电子！"

"对。刚才的手绢是靠你传我接才传动起来的。假如手绢自己长了腿，自己由左边人的手上跑到右边人的手上，就像我刚才讲的什么呀？"

"就像一群向着一个方向流动的电子流。"乐乐小声地说，他怕说得不对。

"乐乐同学说得对。这些有秩序跑动的手绢，就像在物体内、电线中有秩序流动的电子。它们一流动，就有了电；它们一停止流动，就没了电。手绢的流动我们看得见，真正的电子

171

流动我们是看不见的，它们流动得特别快，参加流动的电子也特别多。现在，大家知道电是什么了吗？"

"知道了！"同学们齐声回答。

"老师今天给大家讲的是最浅显的知识，要想真正知道电是什么，等你们上了中学才行。同学们，好好学习，快快长大吧！有许多深奥的知识等着你们去学呢！"

为什么不用跳绳做电线?

一天,乐乐正在校园里和小朋友玩跳绳,看到乐乐的叔叔和几个同事给学校架设电线,就凑过去看稀罕。乐乐看叔叔们费劲地把沉重的铝线拉上电线杆,累得满头大汗,心里便生出了一个念头:要是用长长的跳绳当电线,架设起来多省劲呀!可他不止一次看过工人叔叔们架电线,从没见过用长长的跳绳,他猜想,一定是跳绳不行。可为什么不行呢?

吃过晚饭,他向叔叔提出了这个问题,叔叔说:"跳绳、麻绳、塑料绳等,都不导电,怎么能当电线呢?"

"为什么这些绳子不导电呢?"乐乐不满意叔叔的回答,又追问了一句。他就是这样一个孩子,对任何问题都要打破砂锅问到底。

叔叔想了想说:"你的同学们都是特别爱活动的吗?"

乐乐想了一会儿,说:"有不爱活动的同学,像李明、张亮,还有'小老蔫',有六七个呢。下了课你拽他们玩跳绳他们都不玩,整天坐在座位上,顶多是站在旁边看我们玩。叔

叔，你问这干什么呀？"

"回答你的问题呀！人有爱动和不爱动的差别，主要是因为每个人的性格不同。人是这样，物质里的电子也是这样。你知道电子是什么吗？"说到这里，叔叔问乐乐。

"知道，我们老师讲过。"

"那就好。"叔叔点了点头，接着说，"电子和人一样，也有爱动和不爱动的差别，但这种差别不是由于电子本身性质不同，而是由于原子核对它们的吸引力、束缚力大小不同。金属原子的原子核对电子吸引力、束缚力小，能够自由移动的电子多，电流就能在这样的物质中传导过去。这种能够导电的物体叫作导体。所以，电线都由金属丝制成。

"你们玩的跳绳是棉线、尼龙线等拧成的，这些物体中几乎不存在能自由移动的电子，电流就无法在这样的物体中传导。这种不能导电的物体叫作绝缘体。这样的绳子不能做电线。"

叔叔这一番话，解开了乐乐心中的疑问。他也明白了叔叔问他的同学中谁不爱活动的用意了。真的，就像上次做"电的游戏"时，如果李明、张亮、"小老蔫"他们不愿接传手绢，手绢就无法在他们那儿传递过去，他们就成了"绝缘体"了。

导体与绝缘体

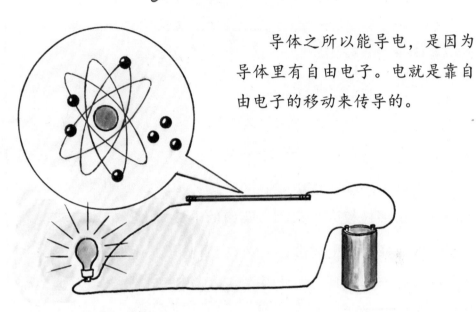

导体之所以能导电，是因为导体里有自由电子。电就是靠自由电子的移动来传导的。

绝缘体中没有自由电子，也就不会导电了。

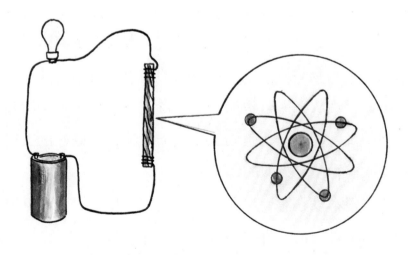

为什么把树砍成"秃顶老头"？

　　夏天到了，经过一个春天的生长，道路两旁的大树又长高了许多，很多枝杈直长入路旁架设的电线之间，使本来架空的电线变成了在树枝中穿行。

　　一天，方兴发现，有十几个工人叔叔拿着斧子和刀锯，沿着架设电线的道路一侧，一棵挨一棵地把长入电线之间的树枝砍下来、锯下来，让树顶与架在它们上空的电线完全分开，好端端的一棵棵大树成了"秃顶老头"。

　　方兴看了，真觉得可惜。

　　吃过晚饭，方兴照例和爸爸到街上散步。走着走着，他们来到白天工人叔叔砍树枝、锯树杈的路段，有的树枝还没来得及运走，就堆放在人行道的边上。看到树枝，一下子勾起了方兴心中的疑问，便向爸爸问道："爸爸，长得好好的大树，为什么要砍成秃顶老头似的？"

　　爸爸根本没在意，经儿子一问，这才抬头看去。见道路一侧的大树果真被砍下许多树枝，一棵棵秃着树顶，站在空中的高压电线底下，便对儿子说："怕下雨天漏电，造成停电事故或是人触电事故。"

"为什么呢？"方兴不明白砍树枝和防止事故之间有什么联系，就追问了一句。

爸爸见儿子刨根问底，只好给他讲下去，说："你应该知道，输电线都有零线和火线之分。零线和火线如果互不接通，电流就流动不了；只有零线和火线互相（直接或间接）接通了，电流才能流动起来。但是要知道，如果零线和火线直接接通，流动的电流就会特别大，就会损坏输电设备，造成停电事故。"

"爸，我不想知道这些，我只想知道为什么要把树砍成'秃顶老头'，怪难看的。"方兴听着听着，有些着急了。

"别急，孩子，你不是要弄明白为什么吗？不讲清楚上边的道理，没法儿讲明白你问的问题。好，我问你，木头导电不导电？"

"不导电。"

"你只说对了一半。应该说，干燥的木头不导电，潮湿的木头就导电了。活着的大树，它的枝杈叶子，当然是湿的，要是再淋上雨水，就更潮湿了。让这些潮湿的树枝在电线中间随风摇来摆去，你说等于什么？"爸爸说到这里故意把问题留给儿子，好叫他自己想出其中的道理。

方兴想了一想，还用手比画着，忽然兴奋地说："我明白了！潮湿的树枝在电线中间摇来摆去，要是同时碰上两根电

线，等于把两根电线接通，就会发生您前面说的情形，有特别大的电流通过，损坏输电设备，造成停电事故。"方兴一口气说完，显得非常高兴。

"树杈上通了电，会不会传到树干上？"爸爸趁势问方兴。

"会。"

"这时要是有人触摸大树，会怎样？"爸爸又一次启发方兴。

"会发生触电事故。"

"现在，你明白为什么把电线底下的大树都砍成'秃顶老头'了吧？"

方兴高兴地说："明白了。"

就这样，爸爸边走边讲，方兴边走边听，不知不觉中，方兴的疑问烟消云散了。

导体　　　　　　　　　　开关

电源

如果零线和火线直接接通，电路中的电流会特别大，就会烧毁电路或电器设备。

科学王国里的故事

运送汽油的罐车拖条铁链干什么？

　　一辆运送汽油的罐车从汽车制造厂出生了，它高高兴兴地驶出厂门，在石油公司装满了汽油，唱着欢快轻松的歌跑在公路上。路上的汽车兄弟可多了，来来往往，川流不息。油罐车不时地和它们"嘀嘀"地打着招呼。突然，它听见在后面飞驰的小轿车大声讥笑说："油罐车老弟，你怎样还装着一条铁链尾巴呀？拖在公路上，又累赘，又难看。"说完，便赶上油罐车，从它身边飞快地超过去，留给它几声嘲弄的喇叭声。

　　油罐车回到家，对主人央求说："你把我的铁链尾巴摘去吧，小轿车嘲笑我了，我真难为情。"

　　主人笑了笑说："不行啊。你要是没了铁链尾巴，会出事的。"

　　"为什么小轿车，还有大轿车、运货的大卡车、运水的罐车没有铁链尾巴呢？它们就不怕出事吗？"

　　"还有，为什么在铁路上奔驰的油罐车也没有尾巴呢？我也要像它们一样，不要尾巴！不要尾巴！"油罐汽车争辩说，

180

还耍起了小孩儿脾气。

主人没办法，只好耐着性子给它讲解拖条铁链尾巴的道理。

主人问："你听说过摩擦起电吗？"

"听说过。就是不同物质的物体互相摩擦，一种物质的电子会挣脱原子核的束缚，成为自由电子，跑到另一种物质中去，使两种物质的物体分别带有正负不同的电荷。"

"要是两种物体上带有的正负电荷越积越多，会怎么样呢？"

"就会发生放电现象，放电时，会产生火花，还有'啪啪'的响声呢！"油罐车为自己的知识丰富感到非常得意，爽快地回答着主人的问题。

"道理就在这上头。"主人说，"你想想，当你装满了汽油，在公路上奔跑时，汽油会怎样呢？"

这当然难不倒油罐车，便不假思索地说："在我的油罐里前后左右地来回晃荡呗！"

"一个劲儿地来回晃荡，会怎么样？"主人追问道。

"会，会——会与油罐铁壁摩来擦去。"

"这样一来，会产生什么？"主人又追问一句。

主人的追问，使油罐车想到了刚才说的摩擦起电的话题，便说："会产生电荷。"

"要是电荷越积越多，又没路可以流走，就会——"

"主人，你不用说了，我懂得了。"油罐车恍然大悟，抢过主人的话茬儿说，"就会出现放电现象，产生火花，引起汽油燃烧，甚至爆炸。"

"这就是我说的会发生的事。"主人补充说，"其实，不光是你的油罐和汽油互相摩擦、冲撞会生电，空气中有些灰尘也带着微量的电荷，微量的电荷也会积少成多。这些灰尘落在你身上，积得多了，就更容易使你身上的电荷增多，增加了放电的可能性。你说危险不危险？"

油罐车听到这儿，着急地问："那可怎么办呢？"

"让这些电荷随时顺大地流走，不让它积聚起来呀！"主人回答说。

"可我的轮胎是橡胶做的，是电的绝缘体，无法让电流通过流入大地呀！"

"那就在你和大地之间给电开辟一条通路呗！你想想有什么办法能开辟一条通路？"

　　油罐车想了想，一下子明白了自己拖在地上的铁链尾巴的用途：原来是使可能给自己带来危险的电荷通过铁链流入大地呀！他回答道："给我安上一条拖地的铁链尾巴。"

　　"哈哈，油罐车，还要求割尾巴吗？不要了吧？噢，你还要和铁路上的油罐车比吗？人家可是铁轮子呀！"

　　听了主人的讲解，油罐汽车终于明白了自己拖地的铁链的重要作用。